大学物理实验课程分析

王晓伟　编著

西安电子科技大学出版社

内 容 简 介

　　本书既对理工科学生所开设的大学物理实验课程中的实验项目逐个进行了分析(共罗列了33 个实验项目),也对经典物理实验的意义做了分析和总结。同时,本书对实验项目的实际意义进行了分析,并阐述了相关实验在物理学发展过程中的历史意义,探索了实验内容和企业生产过程的结合点,将实验室理论和生产实践内容相结合,让学生了解实验的应用范围,引导学生了解现代企业技术,从而更好地培养学生的创新精神。

　　本书可作为对物理实验有兴趣的读者以及学习大学物理实验课程学生的参考用书。

图书在版编目(CIP)数据

大学物理实验课程分析/王晓伟编著. --西安:西安电子科技大学出版社,2024.5
ISBN 978 - 7 - 5606 - 5709 - 7

Ⅰ. ①大…　Ⅱ. ①王…　Ⅲ. ①物理学—实验—高等学校—教材　Ⅳ. ①O4 - 33

中国版本图书馆 CIP 数据核字(2020)第 103482 号

策　　划	万晶晶
责任编辑	任倍萱　万晶晶
出版发行	西安电子科技大学出版社(西安市太白南路2号)
电　　话	(029)88202421　88201467　　邮　编　710071
网　　址	www.xduph.com　　　　电子邮箱　xdupfxb001@163.com
经　　销	新华书店
印刷单位	陕西天意印务有限责任公司
版　　次	2024 年 5 月第 1 版　2024 年 5 月第 1 次印刷
开　　本	787 毫米×960 毫米　1/16　印 张　11
字　　数	225 千字
定　　价	30.00 元

ISBN 978 - 7 - 5606 - 5709 - 7/O

XDUP 6011001 - 1

前　　言

　　本书是作者依据多年大学物理实验课程的一线教学实践经验，对实验项目总结并对课程内容进行深入研究之后，结合新时代的学生培养目标和社会需求，对大学物理实验课程内容进行的一些创新探索与研究。本书可以为从事大学物理实验教学的同行提供教学经验交流，也可以为对物理实验感兴趣的学习者提供参考。

　　本书分6章：第1章针对目前学校开设的大学物理实验进行了概括梳理，分析当前实验对于学生能力培养和创新精神培养的作用。第2章针对目前大多数学校对理工科学生开设的大学物理实验课程中的力学实验逐个进行分析，在每个实验末，作者补充了思考和对实验的总结。第3章对物理实验课程中的电磁学实验逐个进行了分析和总结；因为目前电子科学技术的发展和电磁学内容紧密联系，所以作者对实验的实际意义也进行了分析，阐述相关实验在物理学发展过程中的历史意义。第4章对光学部分的实验进行了分析和总结，并对每个实验的应用进行了简单介绍。第5章对近代综合性实验进行了罗列、分析与总结，近代综合性实验不仅可以提升学生的整体应用能力，并且和现代科学技术紧密联系，还可以让学生在实验的同时了解实验的应用前景。第6章在培养大学生创新精神的大背景下，对大学物理实验课程进行创新探索，以职业发展为导向，将大学物理实验内容融入实际应用，在帮助学生进行具体实验操作的基础上，更多地培养学生的创新思维，在探索新的实验课程考核标准的同时，寻求以实验课程培养学生实践能力的新途径。

　　本书在分析探讨实验的过程中加入了物理学史的相关内容，让读者对物理学的发展有了一定的了解，切身感受物理学对现代科技发展做出的贡献；同时，引导读者学习科学家艰苦奋斗的精神和严谨的科学态度，从而激发读者对实验探索的兴趣。

　　本书对大学物理实验进行了详细的分析和总结，有理论、有操作、有历史，既传承了物理学发展过程中固有的科学探索精神，又结合了当前物理学中最重要的实验进行讲解，理论和实践相结合，给学生以全面的指导，帮助他们在大学物理学习中形成良好的学习习惯和操作习惯，充分调动学生的实践创新精神。

  本书的编写得到了冯中营老师的大力帮助和支持，在此深表谢意。同时也感谢西安电子科技大学出版社的编辑，感谢他们为本书的出版付出的辛勤的劳动。

  鉴于作者学识经验有限，书稿中的不足之处在所难免，敬请广大读者朋友批评指正。

编著者

2023 年 10 月

目　　录

第1章　大学物理基础实验课程概析

大学物理实验是对高等院校的理工科学生进行基本训练的一门独立的必修基础课程，是学生进入大学后学习系统实验方法的开端，是理工科类专业对学生进行科学实验训练的重要基础。

物理学是一门以实验为基础的科学，物理实验教学和物理理论教学具有同等重要的地位，它们既有深刻的内在联系，又有各自的任务和作用。

本课程在中学物理实验的基础上，按照循序渐进的原则，总结学习物理实验知识的方法和技能，使学生了解科学实验的主要过程与基本方法，为今后的学习和工作奠定良好的基础。

本课程的基本任务：

（1）通过对实验现象的观察、分析和对物理量的测量，学习物理实验知识，从而加深对物理学原理的理解。

（2）培养与提高学生的科学实验能力，包括能够自行阅读实验教材和资料，做好实验前的准备工作，能够借助教材或仪器说明书正确使用常用仪器。

（3）能够应用物理学理论对实验现象进行初步分析判断。

（4）能够正确记录和处理实验数据，绘制曲线，说明实验结果，撰写合格的实验报告。

（5）能够完成简单的设计性实验。

（6）培养与提高学生的科学素养，要求学生具有对待科学实验一丝不苟的严谨态度和实事求是的科学作风。

本章罗列和分析各学校开设的物理实验项目内容，从而使学生对实验内容和实验的应用能够有新的认识和启发。

1.1　基础性物理实验应用现状

通过对在校学生以及毕业之后参加工作的学生进行调研发现，学校安排的基础性实验项目在实际企业生产过程中应用较少。学校常设的实验项目均为经典物理实验，实验仪器相对落后，比如在校期间学生使用的读数显微镜到企业之后均为电子式显微镜，操作简单；又如实验室会使用物理天平，然而目前已很少有企业使用物理天平作为称重仪器。因此，针对这些情况，需要把更先进的仪器设备引进学校，让学生接触先进的仪器设备，了解其使用方法。

通过调查发现，常见的经典物理实验中电磁学实验相较其他类型的实验更加接近企业生产，现代科技企业中的化工企业和热学实验有一些联系，但学校实验在实际生产过程中不是很常见。实验室中常使用的万用表在实际生产生活中应用得还是比较广泛的，所以万用表的使用应作为我们教学的重点。总之，经典物理实验项目和现代科学技术有着很多联系，我们也应认识到学校安排的实验项目与企业需求存在一定的差距，所以我们应该把企业的技术引进实验室，让学生在学习传统物理实验原理的同时也能将其与现代科学技术相结合。

1.2 物理实验课程改革创新研究与探索

大学物理实验课程是一门单独设立的实验课程，课程学时数为 36 或 48 学时（不同学校的设置不同），每个实验为 3 学时，教学形式为讲解和操作。近年来仿真实验项目普遍增多，实验的操作形式也分为实物操作和仿真计算机操作或移动手机端操作。课程内容一般为 12~16 个独立实验项目，实验项目涉及大学物理理论课程中的力学、热学、电磁学、光学等内容，随着科学技术的发展，也增加了一些综合性的现代物理实验项目。实验内容基本和大学物理理论课程相呼应。

随着知识的更新以及仪器设备的改进，实验课程在教学内容和教学过程中有很大的进步和改革，比如实验仪器从原来的机械式逐渐更新为电子式，有些实验过程可以通过仿真手段在计算机上实现操作，这些改进都是顺应时代和科技发展潮流的。但是，随着我国社会发展进入转型期，作为一门实践课程，大学物理实验课程应该在国家发展、学校定位的前提下作出积极的创新和改革。

凭借多年的一线教学经验，以及采用企业调研和学生调查等手段，本书作者提出了一些课程改革的思路和意见，希望和大家分享。

第一，在应用型院校转型的趋势下，课程内容应该突出应用，因此应该提高应用型实验项目所占比例。那么，什么样的实验项目可以称之为应用型实验项目？从实验原理到实验仪器、实验内容，如果实验中的任意一个环节可以融入其他学科或者融入企业实践中，就可以认为该实验是应用型实验项目。下面举例说明：在模拟法测绘静电场实验中使用了万用表，而万用表作为一个在生产生活中应用广泛的基础仪器，学生应该在实验过程中详细了解万用表的使用方法，这样的实验项目是从仪器仪表应用方面培养学生的能力，这样课程也就具有了应用性，符合院校培养学生的目标。再如，在 PN 结物理特性及玻耳兹曼常量的测量实验中，学生应该熟悉 PN 结的物理特性、器件功能等，并且通过实验操作对其功能和特性加深理解，教师也可以通过介绍科研内容和企业生产过程，引导学生对所学内容进行应用实践。

　　第二，实验课程的考核指标应该体现应用和创新，因此应尽可能减少与课本实验重复的项目，实验结果考核注重设计性和应用性。提倡开放性实验，只提供实验仪器，学生自己提出实验方案。注重过程考核，提升自主实验的能力，培养学生设计实验的思维和能力。

　　第三，创新实验教学手段。学校可建立合适的校外实验基地，把实验室"搬进"企业，学生通过实验可切身感受相关的应用。紧密结合学院的转型思路，培养真正的应用型人才。

第2章 大学物理力学实验简析

力学现象是普遍存在的自然现象，人类探索万物之间力的关系的脚步从来没有停止过。力学实验是大学物理实验课程的重要内容之一，大学物理力学实验也是理工科学生学习的基础性实验内容，学生应该对常见的力学现象有所了解，更应该会利用力学知识解决生活生产中的诸多问题。下面介绍几个常见的大学物理力学实验。

2.1 测定刚体的转动惯量

转动惯量是刚体转动时惯性大小的量度，是表明刚体特性的物理量。刚体转动惯量除了与物体的质量有关外，还与转轴的位置和质量分布（形状、大小和密度分布）有关。如果刚体形状简单，且质量分布均匀，则可以直接计算出它绕特定转轴的转动惯量。对于形状复杂、质量分布不均匀的刚体，计算过程极其复杂，需要通过实验进行测定，如机械部件、电动机转子和枪炮的弹丸等。

对于转动惯量的测量，一般都是使刚体以一定的形式运动，测量运动特征量，并通过特征量和转动惯量之间的关系计算出相应的转动惯量。本实验使物体作扭转摆动，由摆动周期及其他参数计算出物体的转动惯量。

【实验目的】

（1）用扭摆测定塑料圆柱体的转动惯量和弹簧的扭转常数，并与理论值进行比较。

（2）证明转动惯量平行轴定理。

【实验仪器】

本实验所用仪器有：扭摆、转动惯量测试仪、天平、游标卡尺。

【实验原理】

转动惯量测试仪的构造见图2.1，即在垂直轴上装一根薄片状的螺旋弹簧，用以产生恢复力矩。在轴的上方可以装上待测物体。垂直轴与支座间装有轴承，以降低摩擦力矩。水平仪用于调整系统平衡。

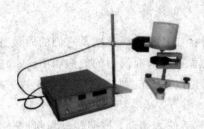

图 2.1   转动惯量测试仪

当物体在水平面内转过角度 θ 后，在弹簧的恢复力矩作用下，物体就开始绕垂直轴作往返扭转运动。根据胡克定律，弹簧受扭转而产生的恢复力矩 M 与所转过的角度 θ 成正比，即

$$M = -K\theta \qquad (2.1.1)$$

式(2.1.1)中，K 为弹簧的扭转常数。根据转动定律，有

$$M = I\beta$$

式中：I 为物体绕转轴的转动惯量，β 为角加速度，由上式得

$$\beta = \frac{M}{I} \qquad (2.1.2)$$

令 $\omega^2 = K/I$，忽略轴承的摩擦阻力矩，由式(2.1.1)和式(2.1.2)得

$$\beta = -\frac{K}{I}\theta = -\omega^2\theta$$

此方程表示扭摆运动具有角简谐振动的特性，角加速度与角位移成正比，且方向相反。此方程的解为

$$\theta = A\cos(\omega t + \varphi)$$

式中：A 为谐振动的角振幅，φ 为初相位角，ω 为角速度。此谐振的周期为

$$T = \frac{2\pi}{\omega} = 2\pi\sqrt{\frac{I}{K}} \qquad (2.1.3)$$

由式(2.1.3)可知，只要实验测得物体扭摆的摆动周期，并在 I 和 K 中任何一个量已知时即可计算出另一个量。

本实验采用一个几何形状规则的圆柱体，它的转动惯量可以根据它的质量和几何尺寸用理论公式直接计算得到，再算出本仪器弹簧的扭转常数 K 值。若要测定其他形状物体的转动惯量，只需将待测物体安放在仪器顶部的各种夹具上，测定其摆动周期，由式(2.1.3)即可算出该物体绕转动轴的转动惯量。

理论分析证明，若质量为 m 的物体绕通过质心轴的转动惯量为 I_0，当转轴平行移动距离 x 时，则此物体对新轴线的转动惯量变为 $I_0 + mx^2$，这称为转动惯量的平行轴定理。

【实验内容】

（1）测量塑料圆柱体的外径、金属细杆长度及它们的质量各三次。

（2）调整扭摆的底座脚螺丝，使水准仪中的气泡居中。

（3）装上金属载物盘，将光电探头的缺口处于挡光杆的平衡位置，且发射的红外光线能被挡住。

（4）将载物盘转过 $90°$，然后使之摆动，按照转动惯量测试仪的使用方法，测定其摆动周期 T_0。

（5）将塑料圆柱体垂直放在载物盘上，测定摆动周期 T_1。

（6）利用支架将金属细杆装在扭摆上（细杆中心应在转轴上），测定摆动周期 T_2。

（7）将滑块对称放置在细杆两边的凹槽内，分别测量出滑块质心距离转轴为 5.00 cm、10.00 cm、15.00 cm、20.00 cm、25.00 cm 时的摆动周期 T_i。验证转动惯量平行轴定理。

 思考与分析

实验通过三线摆转动的方法来测量刚体转动惯量，可以让学生对于转动惯量这个概念有一个直观的认识。机械专业的学生在设计零件或相关器件时，可以把转动惯量的概念应用到实践中，利用实验理论指导实践效果，通过实验验证理论的正确性，培养学生理论联系实际的思维。本实验项目属于验证性实验，实验结果是确定的，学生对于本实验项目应该做到熟练操作，这也是对工科学生实验能力的基本要求，是我们课程培养目标的基本内容。实验教师可以启发学生是否还有其他方法测量刚体的转动惯量，引导学生创新思维，实验室可以提供相关仪器为学生创新实验提供基本条件。

2.2　液体黏滞系数的测定

当液体内各部分之间有相对运动时，接触面之间存在内摩擦力，阻碍液体的相对运动，这种性质称为液体的黏滞性，液体的内摩擦力称为黏滞力。黏滞力的大小与接触面面积以及接触面处的速度梯度成正比，比例系数 η 称为黏度（或黏滞系数）。

对液体黏滞性的研究在流体力学、化学化工、医疗、水利等领域都有着广泛的应用，例如，在用管道输送液体时要根据输送液体的流量、压力差、输送距离及液体黏度，设计输送管道的口径。

测量液体黏度可用落球法、毛细管法、转筒法等方法，其中落球法适用于测量黏度较高的液体。

黏度的大小取决于液体的性质与温度，温度升高，黏度将迅速减小。例如，蓖麻油在室温附近温度改变 1℃，黏度值改变约 10%。因此，测定液体在不同温度的黏度有很大的实际意义，欲准确测量液体的黏度，必须精确控制液体的温度。

【实验目的】

（1）学习落球法测黏滞系数的原理。

（2）了解 PID 温控仪原理以及使用方法。

（3）用螺旋测微器测直径，练习用秒表计时。

（4）用落球法测量不同温度下蓖麻油的黏度。

【实验仪器】

本实验所用仪器有：落球法变温黏滞系数实验仪，主要由恒温水箱、黏滞系数实验装置、开放式 PID 温控仪三部分组成，如图 2.2 所示。

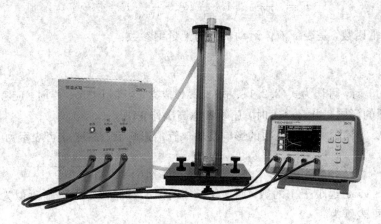

图 2.2　落球法变温黏滞系数实验仪

【实验原理】

1. 落球法测定液体的黏度

一个在静止液体中下落的小球受到重力、浮力和黏滞阻力三种力的作用，如果小球的速度 v 很小，且液体可以看成在各方向上都是无限广阔的，则从流体力学的基本方程可以导出表示黏滞阻力的斯托克斯公式：

$$F = 3\pi\eta v d \tag{2.2.1}$$

式中：d 为小球直径。由于黏滞阻力与小球速度 v 成正比，小球在下落很短一段距离后，所受三力达到平衡，小球将以 v_0 匀速下落，此时有

$$\frac{1}{6}\pi d^3(\rho-\rho_0)g = 3\pi\eta v_0 d \qquad (2.2.2)$$

式中：ρ 为小球密度，ρ_0 为液体密度。由式(2.2.2)可解出黏度 η 的表达式：

$$\eta = \frac{(\rho-\rho_0)gd^2}{18v_0} \qquad (2.2.3)$$

本实验中，小球在直径为 D 的玻璃管中下落，液体在各方向无限广阔的条件不满足，此时黏滞阻力的表达式可加修正系数 $(1+2.4d/D)$，而式(2.2.3)可修正为

$$\eta = \frac{(\rho-\rho_0)gd^2}{18v_0(1+2.4d/D)} \qquad (2.2.4)$$

当小球的密度较大，直径不是太小，而液体的黏度值又较小时，小球在液体中的平衡速度 v_0 会达到较大的值，奥西思–果尔斯公式反映出了液体运动状态对斯托克斯公式的影响：

$$F = 3\pi\eta v_0 d\left(1+\frac{3}{16}Re-\frac{19}{1080}Re^2+\cdots\right) \qquad (2.2.5)$$

其中 Re 称为雷诺数，是表征液体运动状态的无量纲参数：

$$Re = \frac{v_0 d\rho_0}{\eta} \qquad (2.2.6)$$

当 $Re<0.1$ 时，可认为式(2.2.1)、式(2.2.4)成立；当 $0.1<Re<1$ 时，应考虑式(2.2.5)中一级修正项的影响；当 $Re>1$ 时，还须考虑高次修正项。

考虑式(2.2.5)中一级修正项的影响及玻璃管的影响后，黏度 η_1 可表示为

$$\eta_1 = \frac{(\rho-\rho_0)gd^2}{18v_0(1+2.4d/D)(1+3Re/16)} = \eta\frac{1}{1+3Re/16} \qquad (2.2.7)$$

由于 $3Re/16$ 是远小于 1 的数，将 $1/(1+3Re/16)$ 按幂级数展开后近似为 $1-3Re/16$，式(2.2.7)又可表示为

$$\eta_1 = \eta - \frac{3}{16}v_0 d\rho_0 \qquad (2.2.8)$$

已知或测量得到 ρ、ρ_0、D、d、v_0 等参数后，由式(2.2.4)计算黏度 η，再由式(2.2.6)计算 Re，若需计算 Re 的一级修正项，则由式(2.2.8)计算经修正的黏度 η_1。

在国际单位制中，η 的单位是 Pa·s(帕斯卡·秒)，在厘米-克-秒制中，η 的单位是 P(泊)或 cP(厘泊)，它们之间的换算关系是：

$$1\,\text{Pa·s} = 10\,\text{P} = 1000\,\text{cP} \qquad (2.2.9)$$

2. PID 调节原理

PID 调节是自动控制系统中应用最广泛的一种调节规律，自动控制系统的原理可用图 2.3 说明。

图 2.3　自动控制系统框图

假如被控量与设定值之间有偏差 $e(t)$＝设定值－被控量，调节器依据 $e(t)$ 及一定的调节规律输出调节信号 $u(t)$，执行单元按 $u(t)$ 输出操作量至被控对象，使被控量逼近直至最后等于设定值。调节器是自动控制系统的指挥机构。

在温控系统中，调节器采用 PID 调节，执行单元是由可控硅控制加热电流的加热器，操作量是加热功率，被控对象是水箱中的水，被控量是水的温度。

PID 调节器是按偏差的比例(proportional)，积分(integral)，微分(differential)进行调节的，其调节规律可表示为

$$u(t) = K_P \left[e(t) + \frac{1}{T_I} \int_0^t e(t)\,\mathrm{d}t + T_D \frac{\mathrm{d}e(t)}{\mathrm{d}t} \right] \tag{2.2.10}$$

式中：第一项为比例调节，K_P 为比例系数；第二项为积分调节，T_I 为积分时间常数；第三项为微分调节，T_D 为微分时间常数。

PID 温度控制系统的调节过程中，温度随时间的一般变化关系可用图 2.4 表示，控制效果可用稳定性、准确性和快速性评价。

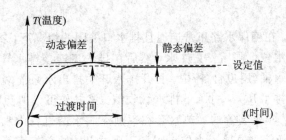

图 2.4　PID 调节系统过渡过程

若系统重新设定(或受到扰动)后经过一定的过渡过程能够达到新的平衡状态，则为稳定的调节过程；若被控量反复振荡，甚至振幅越来越大，则为不稳定调节过程，不稳定调节过程是有害而不能采用的。准确性可用被调量的动态偏差和静态偏差来衡量，二者越小，准确性越高。快速性可用过渡时间表示，过渡时间越短越好。实际控制系统中，上述三方面指标常常是互相制约、相互矛盾的，应结合具体要求综合考虑。

由图 2.4 可见，系统在达到设定值后一般并不能立即稳定在设定值，而是超过设定值后经一定的过渡过程才重新稳定，产生超调的原因可从系统的热惯性、传感器滞后和调节器特性等方面予以说明。系统在升温过程中，加热器的温度总是高于被控对象的温度，在

达到设定值后，即使减小或切断加热功率，加热器存储的热量在一定时间内仍然会使系统升温，降温有类似的反向过程，这称为系统的热惯性。传感器滞后是指由于传感器本身热传导特性或是由于传感器安装位置的原因，使传感器测量到的温度比系统实际的温度在时间上滞后，系统达到设定值后调节器无法立即作出反应，产生超调。对于实际的控制系统，必须依据系统特性合理整定 PID 参数，才能取得好的控制效果。

由式(2.2.10)可见，比例调节项输出与偏差成正比，它能迅速对偏差作出反应，并减小偏差，但它不能消除静态偏差。这是因为任何高于室温的稳态都需要一定的输入功率维持，而比例调节项只有偏差存在时才输出调节量。增大比例调节系数 K_P 可减小静态偏差，但在系统有热惯性和传感器滞后时，会使超调加大。

积分调节项输出与偏差对时间的积分成正比，只要系统存在偏差，积分调节作用就不断积累，输出调节量以消除偏差。积分调节作用缓慢，在时间上总是滞后于偏差信号的变化。增加积分作用(减小 T_I)可加快消除静态偏差，但会使系统超调加大，增大动态偏差，积分作用太强甚至会使系统出现不稳定状态。

微分调节项输出与偏差对时间的变化率成正比，它阻碍温度的变化，能减小超调量，克服振荡。在系统受到扰动时，它能迅速作出反应，减少调整时间，提高系统的稳定性。

PID 调节器的应用已有一百多年的历史，理论分析和实践都表明，应用这种调节规律对许多具体过程进行控制时，都能取得满意的结果。

【实验内容】

(1) 实验前准备。在确保水路正常连通且排水口关闭的情况下，揭开恒温水箱的盖子，将水箱中的水位加到水位上限后停止注水，然后在排水口连接排水管一端，排水管另一端接到低处用于接水的水桶(用户自备)中。打开排水开关排出水泵前端的空气直到有水从排水口排出后立即关闭排水开关，并取下排水管收纳。该操作可以避免因水泵空转而无法实现水循环的问题。注：实验装置的加热水套在逐渐充满水的过程中水箱水位会降低，这是正常现象。实验前应确保水位处于水位上限和下限之间，并盖好水箱盖。确保电路正常连通后，将开放式 PID 温控仪、恒温水箱通电预热至少 10 min，使水温均匀稳定。

(2) 测定小球直径。由式(2.2.4)及式(2.2.6)可见，当液体黏度及小球密度一定时，雷诺数 $Re \propto d$。在测量蓖麻油的黏度时建议采用直径 1~2 mm 的小球，这样可不考虑雷诺修正或只考虑一级雷诺修正。

用螺旋测微器测定小球的直径 d，记录数据。

(3) 测定小球在液体中的下落速度并计算黏度。目标温度设置范围为室温~60℃，建议从低到高设置目标温度，且目标温度为 5℃ 的倍数，设置的首个目标温度应大于或等于室温。在温控仪的温度达到设定值后再等约 10 min，使样品管中的待测液体温度与加热水温完全一致，才能测液体黏度。注意：温度较高时，请勿长时间接触水路中的高温部分(如恒温水箱内部、软管、玻璃样品管等），避免烫伤。

用挖油勺盛住小球沿样品管中心轻轻放入液体，观察小球是否一直沿中心下落，若样品管倾斜，应调节其铅直。测量过程中，尽量避免对液体的扰动。

用秒表测量小球落经一段距离的时间 t，计算小球速度 v_0，记录数据并利用其绘制 η-T 关系曲线。已知部分温度下蓖麻油黏度的标准值如表 2.1 所示，可将这些温度下黏度的测量值与标准值比较，并计算相对误差。

表 2.1　部分温度下蓖麻油黏度的标准值

温度/℃	10	15	20	30	40	50
η 标准值/(Pa·s)	2.420	1.540	0.986	0.451	0.231	0.129

实验完成后，用磁铁将小球吸引至样品管口，用挖油勺挖入蓖麻油中保存，以备下次实验使用。

 思考与分析

液体的黏度是液体一个重要的力学参量，在液体实际使用和运动过程中有着重要作用。液体黏度的概念以及测量方法对于不同专业的学生都很重要。黏度又是石油化工产品的重要质量指标，石油产品的规格按黏度来分类，并用黏度来检查产品的合格率。比如润滑油的黏度关系着工作零件的磨损、发动机的灵活启动等，油漆和涂料的黏度也是影响其性能指标的关键因素。因此学生学会液体黏滞系数的测量是有现实需求的，这样能够为学生将来从事相关行业工作提供一定的理论和实践基础。

2.3　金属线膨胀系数的测量

绝大多数物质具有热胀冷缩的特性，在一维情况下，固体受热后长度的增加称为线膨胀。在相同条件下，不同材料的固体，其线膨胀的程度各不相同，我们引入线膨胀系数来表征物质的膨胀特性。线膨胀系数是物质的基本物理参数之一，在道路、桥梁、建筑等工程设计，精密仪器仪表设计，材料的焊接、加工等领域，都必须对物质的膨胀特性予以充分的考虑。利用本实验提供的固体线膨胀系数测量仪和温控仪，能对固体的线膨胀系数予以准确测量。

【实验目的】

（1）了解 PID 温控实验仪的原理以及使用方法。

（2）测量金属的线膨胀系数。

【实验仪器】

本实验所用仪器有：紫铜单管线膨胀实验装置或紫铜-铝双管线膨胀实验装置，恒温水箱，开放式 PID 温控仪（见图 2.5、表 2.2）。

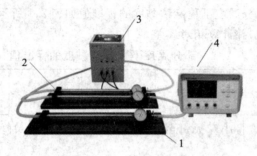

图 2.5 金属线膨胀系数实验仪

表 2.2 实 验 仪 器

序号	型号	仪器名称	数量	备　注
1	PC0030	紫铜单管线膨胀实验装置	0 或 1	ZKY-PTA0100 默认配置 PC0030，ZKY-PTA0101 默认配置 PC0032，黄铜材料需特殊定制。此模块包含千分表（每根金属管对应一个千分表）
2	PC0032	紫铜-铝双管线膨胀实验装置	0 或 1	
3	PC0021	恒温水箱	1	
4	PC0019	开放式 PID 温控仪	1	

【实验原理】

设在温度为 T_0 时固体的长度为 L_0，在温度为 T_1 时固体的长度为 L_1。实验指出，当温度变化范围不大时，固体的伸长量 $\Delta L = L_1 - L_0$ 与温度变化量 $\Delta T = T_1 - T_0$ 及固体的长度 L_0 成正比，即

$$\Delta L = \alpha L_0 \Delta T \tag{2.3.1}$$

式中：比例系数 α 称为固体的线膨胀系数。由上式知

$$\alpha = \frac{\Delta L}{L_0} \cdot \frac{1}{\Delta T} \tag{2.3.2}$$

可以将 α 理解为当温度升高 1℃时，固体增加的长度与原长度之比。多数金属的线膨胀系数在 $(0.8 \sim 2.5) \times 10^{-5}/℃$ 之间。

线膨胀系数是与温度有关的物理量。当 ΔT 很小时，由式(2.3.2)测得的 α 称为固体在

温度为 T_0 时的微分线膨胀系数。当 ΔT 是一个不太大的变化区间时，我们近似认为 α 是不变的，由式(2.3.2)测得的 α 称为固体在 $T_0 \sim T_1$ 温度范围内的线膨胀系数。

由式(2.3.2)知，在 L_0 已知的情况下，固体线膨胀系数的测量实际归结为温度变化量 ΔT 与相应的长度变化量 ΔL 的测量，由于 α 的值较小，在 ΔT 不大的情况下，ΔL 也很小，因此准确地控制 T、测量 T 及 ΔL 是保证测量成功的关键。

【实验内容】

(1) 实验准备。

在实验开始前，如图 2.6 所示，使用软管连接好水路，并在恒温水箱中将水添加至水位上限。

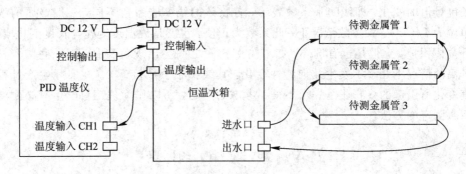

图 2.6　单恒温水箱实验连接示意图

注意：

① 加水前在确保水路正常连通且排水口关闭的情况下，揭开恒温水箱的盖子，将水箱中的水位加到水位上限后停止注水，然后在排水口连接排水管一端，排水管另一端接到低处用于接水的水桶(用户自备)中。打开排水开关，排出水泵前端的空气直到有水从排水口排出后立即关闭排水开关，并取下排水管。

② 建议使用软水，否则应在每次实验完成后将水完全排出，避免产生水垢。

③ 通电前应保证水位指示在水位上限。若水位指示低于水位下限，则严禁开启电源，必须先加水至水位上限。

④ 为保证使用安全，三芯电源线须可靠接地。

(2) 调整千分表。

为保证千分表与试件充分接触，可于实验开始前调整千分表与试件的触点，使其读数在 600 至 800 之间，然后锁紧千分表。

(3) 测量线膨胀系数。

实验开始前检查金属管是否固定良好，千分表安装位置是否合适，水路是否无漏水。

一旦开始升温及读数，避免再触动实验仪器。

为保证实验安全，温控仪温度最高设置为 60℃，当温度较高时，请勿长时间接触金属管及其他温度较高的部分，以防烫伤。

若决定测量 n 个温度点，则每次升温范围为 $\Delta T = (60 \sim 室温)/n$（可根据实际情况选择 n 的大小，通常可选择 30℃作为 T_0，以 5℃为步长作为温度上升梯度进行测量）。为减小系统误差，将第 1 次温度达到平衡时的温度及千分表读数分别作为 T_0、L_0。温度的设定值每次提高 ΔT，温度在新的设定值达到平衡后，记录当前温度 T 及千分表读数。

 思考与分析

物体由于温度改变而有胀缩现象。其变化能力以等压（p 一定）下，单位温度变化所导致的长度量值的变化，即线膨胀系数表示。各物体的线膨胀系数不同，一般金属的线膨胀系数单位为 $1/(℃)$。大多数情况下，此系数为正值。也就是说温度变化与长度变化成正比，温度升高体积扩大。但是也有例外，如水在 $0 \sim 4℃$ 之间会出现负膨胀。而一些陶瓷材料在温度升高的情况下几乎不发生几何特性变化，其线膨胀系数接近 0。在实际生产过程中由于温度变化所引起的线膨胀是一个不得不考虑的问题，所以作为理工科学生有必要学会线膨胀系数测定的方法。

2.4 声速的测量

声波是一种在弹性介质中传播的纵波。频率在 20 Hz～20 kHz 的声波可被人听到，称为可闻声波，简称声波；频率低于 20 Hz 的声波称为次声波；频率高于 20 kHz 的声波称为超声波。声速是声波在弹性介质中的传播速度，声速的大小仅取决于介质的性质，而与声波的频率无关。由于超声波具有方向性好、功率大、不可闻、抗干扰性强等优点，因此，一般在超声波段测量声速。通过测量声速，可以了解介质的特性及其状态的变化，如可进行气体成分的分析、液体比重和浓度的测定、固体弹性模量的测定等。这里只研究声波在空气中的传播速度。

【实验目的】

（1）加深对声波的产生、传播和相干等知识的理解。

（2）学习测量空气中声速的方法。

（3）了解声电换能器的性能。

【实验仪器】

本实验所用仪器有：SM-IA 声速测量仪（包括电声换能器、信号发生器）和双踪示波器。

【实验原理】

已知声波在空气中的传播速度为

$$v=\sqrt{\frac{\gamma RT}{M}} \tag{2.4.1}$$

式中：$\gamma=C_p/C_v$ 为比热容比，即空气定压比热与定容比热之比值；R 为摩尔气体常数；M 为气体摩尔质量；T 为热力学温度。由式(2.4.1)可见，温度是影响空气中声速的主要因素。如果忽略空气中水蒸气和其他杂物的影响，0℃时的声速为

$$v_0=\sqrt{\frac{\gamma RT}{M}}=331.5\ \mathrm{m\cdot s^{-1}}$$

t℃时的声速为

$$v=v_0\sqrt{1+\frac{t}{T_0}}=331.5\sqrt{1+\frac{t}{273.15}} \tag{2.4.2}$$

式(2.4.2)为在标准状况下空气中声速的理论值。

由波动理论得知，波速 v、波长 λ 和频率 f 之间有以下关系：

$$v=\lambda f \tag{2.4.3}$$

本实验由交流信号发生器直接读出波动频率 f，用驻波法或相位差法确定波长 λ，然后利用式(2.4.3)可求得声速。

1. 驻波法

驻波法的实验装置如图 2.7 所示，将两个声电换能器 S_1 和 S_2 沿同一轴线相对放置，当信号发生器发出的交流信号接入 S_1 后，S_1 作为声源发出平面简谐波沿 x 轴正方向传播，接收器 S_2 在接收声波的同时还反射一部分声波。这样，由 S_1 发出的声波和由 S_2 反射的声波在 S_1、S_2 之间形成干涉而出现驻波共振现象。

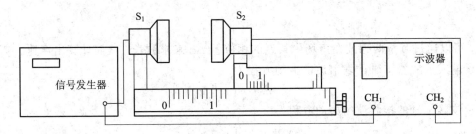

图 2.7　驻波法实验装置图

设沿 x 轴正方向入射波的方程为

$$y_1 = A\cos 2\pi\left(t - \frac{x}{v}\right)$$

沿 x 轴负方向反射波的方程为

$$y_2 = A\cos 2\pi\left(t + \frac{x}{v}\right)$$

在两波相遇处产生干涉，空间某点的合振动方程为

$$y = y_1 + y_2 = \left(2A\cos 2\pi \frac{x}{\lambda}\right)\cos 2\pi f t \qquad (2.4.4)$$

此式为驻波方程。

当 $\left|\cos 2\pi \dfrac{x}{\lambda}\right| = 1$ 时，即在 $x = n\dfrac{\lambda}{2}(n=1,2,\cdots)$ 处，声振动振幅最大为 $2A$，称为波幅。

当 $\left|\cos 2\pi \dfrac{x}{\lambda}\right| = 0$ 时，即在 $x = (2n+1)\dfrac{\lambda}{4}(n=1,2,\cdots)$ 处，声振动振幅为零，这些点静止不动，称为波节。其余各点的振幅在零和最大值之间，两相邻波幅（或波节）间的距离为 $\lambda/2$。

当移动 S_2 使 S_1 与 S_2 之间的距离 l 为半波长的整数倍时，即

$$l = n\frac{\lambda}{2} \qquad (n=1,2,\cdots) \qquad (2.4.5)$$

才能在 S_1 和 S_2 之间的空气柱中发生稳定的驻波共振现象，驻波的幅度达到极大。在示波器上显示的电压信号也相应极大，相邻两次极大值（或极小值）之间 S_2 移动的距离为 $\lambda/2$。由式(2.4.5)可知，只要测得多组声压极大值之间 S_2 的位置，即可算出波长 λ。

由于声波在传输过程中存在衍射和其他损耗（非平面波及介质吸收等因素），声压极大值随着距离 l 的增大而逐渐减小，但两峰值间的距离总是 $\lambda/2$。

2. 相位差法

一般来说，在同一时刻，发射器处的声波相位与接收器处的声波相位是不同的，由波动理论可知，发射波和接收波之间的相位差为

$$\Delta\varphi = \varphi_2 - \varphi_1 = 2\pi \frac{x}{\lambda} \qquad (2.4.6)$$

因此，可以通过测量两列波在声场中某点的相位差 $\Delta\varphi$ 来求波长，从而计算出声速。

设输入示波器 x 轴的发射波的振动方程为

$$x = A_1\cos(\omega t + \varphi_1)$$

输入示波器 y 轴的接收波的振动方程为

$$y = A_2\cos(\omega t + \varphi_2)$$

则同频率不同相位的两个互相垂直的谐振动的合振动方程为

$$\frac{x^2}{A_1^2} + \frac{y^2}{A_2^2} - \frac{2xy}{A_1 A_2}\cos(\varphi_2 - \varphi_1) = \sin^2(\varphi_2 - \varphi_1) \qquad (2.4.7)$$

此方程的轨迹为椭圆，椭圆的方位由相位差 $\Delta\varphi$ 决定，即李萨如图形，如图 2.8 所示。

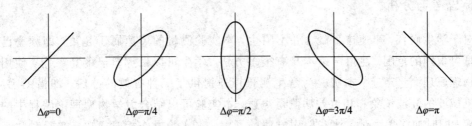

$\Delta\varphi=0$ $\Delta\varphi=\pi/4$ $\Delta\varphi=\pi/2$ $\Delta\varphi=3\pi/4$ $\Delta\varphi=\pi$

图 2.8 李萨如图形

由式(2.4.6)可知，每改变半个波长的距离，相位差 $\varphi_2-\varphi_1=\pi$。移动 S_2 时，随着各点振动的相位差从 0 到 π 的变化，李萨如图形会依次按图 2.8 变化。当示波器相邻两次显示正、负斜率直线时，S_2 移动了 $\lambda/2$。

【实验内容】

(1) S_1、S_2 分别与测量仪背面的"发射""接收"接口相连，"频率调节"设在 40 kHz 附近，控制开关处在"内置"状态(按入)。

(2) 驻波法测量声速。

① 调整示波器工作在"扫描-Y"("SEC/DIV"扫描速率选择离开"X-Y")方式，将测量仪的"接收输出"端与示波器的"CH₂"通道相连，同时将示波器的通道选择键均设在 CH₂ 处，调出稳定的波形。

② 调节螺杆移动 S_2，使 S_1、S_2 相距约 1 cm。然后缓慢增大 S_1 和 S_2 的距离，同时观察示波器上信号幅度的变化，当幅度达到最大时，记录 S_2 的位置 l_1。

③ 继续增大 S_1 和 S_2 的距离，依次记录示波器上信号幅度最大时 S_2 的位置 l_2，l_3，$\cdots$，l_{10}。l_2-l_1 或 $l_3-l_2\cdots$ 为被测声波的半波长，即

$$l_2-l_1=l_3-l_2=\cdots=\frac{\lambda}{2}$$

④ 记录实验时的频率 f 和室温 t。

(3) 相位差法测量声速。

① 调整示波器工作在"X-Y"("SEC/DIV"扫描速率选择至"X-Y")方式，将测量仪的"发射信号"端与示波器的"CH₁"通道相连，"接收输出"端仍与示波器的"CH₂"通道相连，调出李萨如图形。

② S_1、S_2 相距约 2 cm，缓慢增大 S_1 和 S_2 的距离，同时观察示波器上椭圆方位的变化，当出现一条直线(见图 2.8)时，记录 S_2 的位置 l_1。

③ 继续增大 S_1 和 S_2 的距离，依次记录示波器上出现相反斜率的直线 S_2 时的位置 l_2，l_3，$\cdots$，l_{10}，则 l_2-l_1 或 $l_3-l_2\cdots$ 为被测声波的半波长。

思考与分析

对于学生而言，声速这个概念并不陌生，本实验测量的声速属于超声，即频率已经超出人耳可识别的范围。测量声速本身有很多方法，学生可以发挥自己的想象力，使用学习过的物理原理测量声速。本实验为学生测量声速提供了一种有效的办法，即借助示波器，利用机械波的驻波现象和相位差法测量声速。本实验可以结合大学物理理论课程中的机械波原理，同时加深学生对示波器使用方法的了解。本实验操作相对简单，实验时间一般不会太久，由于学生对声速比较熟悉，因此对于实验结果也能进行分析。本实验属于基础性的实验，没有太难的原理和操作，所以这里应该启发和引导学生在本实验的基础上拓展实验方法或者自行设计实验过程，发挥学生的创新思维，引导学生利用同样的方法测量声速之外的物理量，比如是否可以验证多普勒效应，等等。

2.5 测量液体的表面张力系数

凡作用于液体表面，并使液体表面积缩小的力称为液体表面张力。它产生的原因是：液体跟气体接触的表面存在一个薄层，叫作表面层，表面层里的分子比液体内部稀疏，分子间的距离比液体内部大一些，分子间的相互作用表现为引力。

【实验目的】

（1）用拉脱法测量室温下液体的表面张力系数。
（2）学习力敏传感器的定标方法。

【实验仪器】

1. 实验所用仪器

本实验所用仪器有：液体表面张力测定仪（如图 2.9 所示），镊子，砝码。

2. 仪器组成及技术指标

该实验仪器由硅压阻式力敏传感器和显示部分组成。

1）硅压阻式力敏传感器

硅压阻式力敏传感器的参数：

（1）受力量程：$0 \sim 0.098$ N。

（2）灵敏度：约 3.00 V/N（用砝码质量作单位定标）。

（3）非线性误差：$\leqslant 0.2\%$。

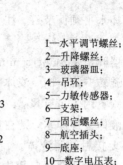

1—水平调节螺丝；
2—升降螺丝；
3—玻璃器皿；
4—吊环；
5—力敏传感器；
6—支架；
7—固定螺丝；
8—航空插头；
9—底座；
10—数字电压表；
11—调零

图 2.9　液体表面张力测定仪

(4) 供电电压：直流 3～6 V。

2) 显示部分

显示部分用 5 芯航空插头与传感器连接，其读数单位是电压，需换算成力学量。

(1) 读数显示：200 mV，三位数显表。

(2) 调零：手动多圈电位器。

3. 使用步骤

(1) 开机预热。

(2) 清洗玻璃器皿和吊环。

(3) 在玻璃器皿内放入被测液体并安放在升降台上（玻璃器皿底部可用双面胶与升降台面贴紧固定）。

(4) 将砝码盘挂在力敏传感器的钩上。

(5) 若整机已预热 15 分钟以上，可对力敏传感器定标，在加砝码前应首先对仪器调零，安放砝码时应尽量轻，并在它晃动停止之后，方可读数。

(6) 换吊环前应先测定吊环的内外直径，然后挂上吊环。在测定液体表面张力系数过程中，可观察液体产生的浮力与张力的现象，以顺时针转动升降台大螺帽时液体液面上升，当环下沿部分均浸入液体中时，改为逆时针转动该螺帽，这时液面往下降（或者说相对吊环往上提拉），观察环浸入液体中及从液体中拉起时的物理过程和现象。应特别注意，吊环即将拉断液膜前一瞬间数字电压表读数为 U_1，拉断瞬间数字电压表读数为 U_2。记下这两个数值。

4. 整机使用注意事项

(1) 吊环须严格处理干净。可先用 NaOH 溶液洗净油污或杂质后，用清洁水冲洗干净，并用热吹风烘干。

（2）吊环水平须调节好。注意偏差为 10 时，测量结果引入的误差为 0.5%；偏差为 20 时，误差为 1.6%。

（3）仪器开机需预热 15 min。

（4）在旋转升降台时，液体的波动要尽量小。

（5）实验室内不可有风，以免吊环摆动致使零点波动，所测系数不正确。

（6）若液体为纯净水，则在使用过程中须应防止灰尘和油污及其他杂质污染，应特别注意手指不要接触被测液体。

（7）使用力敏传感器时用力不宜大于 0.098 N，过大的拉力容易损坏传感器。

（8）实验结束后需将吊环用清洁纸擦干、包好，并放入干燥缸内。

图 2.10 所示为实验装置图，其中，液体表面张力系数测定仪包括硅扩散电阻非平衡电桥的电源和测量电桥失去平衡时输出电压大小的数字电压表，其他装置包括铁架台、微调升降台、装有力敏传感器的固定杆、盛液体的玻璃皿和吊环。

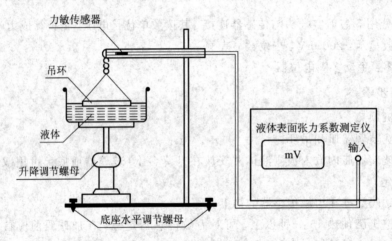

图 2.10　液体表面张力测定装置

【实验原理】

测量一个已知周长的金属片从待测液体表面脱离时需要的力，求得该液体表面张力系数的实验方法称为拉脱法。若金属片为金属吊环，考虑一级近似，可以认为脱离力为表面张力系数乘以脱离表面的周长，即

$$F = \alpha \cdot \pi (D_1 + D_2) \tag{2.5.1}$$

式中：F 为脱离力，D_1、D_2 分别为圆环的外径和内径，α 为液体的表面张力系数。

硅压阻式力敏传感器由弹性梁和贴在梁上的传感器芯片组成，其中芯片由四个硅扩散电阻集成一个非平衡电桥。当外界压力作用于弹性梁时，在压力作用下，电桥失去平衡，此

时会有电压信号输出，输出电压大小与所加外力成正比，即

$$\Delta U = KF \tag{2.5.2}$$

式中：F 为外力的大小，K 为硅压阻式力敏传感器的灵敏度，ΔU 为传感器输出电压的大小。

【实验内容】

1. 力敏传感器的定标

每个力敏传感器的灵敏度都有所不同，在实验前，应先将其定标，具体步骤如下：

（1）打开仪器的电源开关，将仪器预热。

（2）在传感器弹性梁端的小挂钩上，挂上砝码盘，调节调零旋钮，使数字电压表显示为零。

（3）在砝码盘上分别加 0.5 g、1.0 g、1.5 g、2.0 g、2.5 g、3.0 g 等质量的砝码，记录相应这些砝码力 F 作用下，数字电压表的读数 U。

（4）用最小二乘法作直线拟合，求出传感器灵敏度 K。

2. 环的测量与清洁

（1）用游标卡尺测量金属吊环的外径 D_1 和内径 D_2。

（2）环的表面状况与测量结果有很大的关系，实验前应将金属吊环在 NaOH 溶液中浸泡 20～30 s，然后用净水洗净。

3. 液体的表面张力系数

（1）将金属吊环挂在传感器弹性梁端的小挂钩上，调节升降台，将液体升至靠近吊环的下沿，观察吊环下沿与待测液面是否平行，如果不平行，将金属吊环取下后，调节吊环上的细丝，使吊环与待测液面平行。

（2）调节容器下的升降台，使其渐渐上升，将吊环的下沿部分全部浸没于待测液体，然后反向调节升降台，使液面逐渐下降，这时，金属吊环和液面间形成一环形液膜，继续下降液面，测出环形液膜即将拉断前一瞬间数字电压表读数 U_1 和液膜拉断后一瞬间数字电压表读数 U_2，则

$$\Delta U = U_1 - U_2$$

（3）将实验数据代入式（2.5.2）和式（2.5.1）中，求液体的表面张力系数，并与标准值进行比较。

 思考与分析

液体的表面张力是表征液体性质的一个重要参数。测量液体表面张力系数的方法有多

种，拉脱法是测量液体表面张力系数常用的方法之一。拉脱法的特点：用称量仪器直接测量液体的表面张力，测量方法直观，概念清楚。在用拉脱法测量液体表面张力时，对测量力的仪器要求较高，由于用拉脱法测量液体表面的张力在 $1 \times 10^{-3} \sim 1 \times 10^{-2}$ N 之间，因此需要有一种量程范围较小、灵敏度高，且稳定性好的测量力的仪器。近年来，新发展的硅压阻式力敏传感器张力测定仪正好能满足测量液体表面张力的需要，它比传统的焦利秤、扭秤等灵敏度高、稳定性好，且可数字显示信号，利于计算机实时测量。

第3章　大学物理电磁学实验简析

　　相对于上一章力学实验，本章的电磁学实验从原理上来讲较抽象，但是电磁场的应用却十分广泛，现代生活基本离不开电磁，所以电磁学物理实验对于学生尤其重要。学生通过这些实验可形象地了解电磁现象，而对于实验中常用的示波器，学生也应该熟练使用，示波器的应用范围涉及大多数现代行业。下面详细介绍普遍开设的电磁学实验内容。

3.1　模拟法测绘静电场

　　利用高斯定理可以计算一些规则带电体强度的分布，但是很多带电体的电场需借助实验的方法。然而，直接测量静电场会遇到很大困难，这不仅因为设备复杂，还因为探针伸入静电场时，探针上会产生感应电荷，这些电荷又产生电场，使原来的静电场产生畸变。为了克服这个困难，我们可以仿造一个与静电场分布完全一样的场（称为模拟场），当用探针去测量模拟场时，它不受干扰，这样可以间接地获得原静电场的分布。这种不直接研究某物理现象或过程本身，而用与该物理现象或过程有某种相似的模型来进行研究的方法，称为模拟法。本实验是用稳恒电流场模拟静电场。

【实验目的】

　　(1) 了解用电流场模拟静电场的理论依据和实验条件。
　　(2) 学会用模拟法测量和研究二维静电场的分布。
　　(3) 加深对电场强度及电位概念的理解。

【实验仪器】

　　本实验所用仪器有：JW240 - 2 型模拟静电场测绘仪。
　　JW240 - 2 型模拟静电场测绘仪采用同心圆电极模拟板，导电介质采用导电玻璃，用 0~6 V 可调低压直流电源供电；另配数字电压表(参考数字万用表)，用于探测等位点(不用仪器自带的检流计)。静电场测绘仪面板如图 3.1 所示。

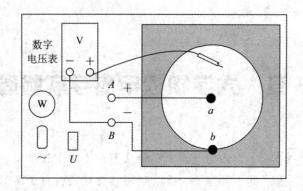

图 3.1 静电场测绘仪面板图

【实验原理】

1. 用稳恒电流场模拟静电场的依据

模拟法的前提是两种状态或过程有一一对应的两组物理量，并且这些物理量在两种状态或过程中满足数学形式基本相同的方程和边界条件。静电场与稳恒电流场有两组对应的物理量，遵循着数学形式相同的物理规律，其对比如表 3.1 所示。

表 3.1 静电场和稳恒电流场之间的对比

静电场	稳恒电流场
均匀电介质中两导体上的电荷 $\pm Q$	两电极间的均匀导电介质中流过电流 I
电位分布函数 U	电位分布函数 U
电场强度矢量 E	电场强度矢量 E
介质介电常数 ε	介质电导率 σ
电位移矢量 $D=\varepsilon E$	电流密度 $j=\sigma E$
介质内无自由电荷 $\oint 8\varepsilon E \cdot dS=0$	介质内无电流源 $\oint \sigma E \cdot dS=0$
$\dfrac{\partial^2 U}{\partial x^2}+\dfrac{\partial^2 U}{\partial y^2}+\dfrac{\partial^2 U}{\partial z^2}=0$	$\dfrac{\partial^2 U}{\partial x^2}+\dfrac{\partial^2 U}{\partial y^2}+\dfrac{\partial^2 U}{\partial z^2}=0$

由表 3.1 可见，两种场中都有电位的概念，且都遵守高斯定理和拉普拉斯方程。可以证明：在一定条件下，这两种具有相同边界条件的相同方程其解也相同，即电流场任一点的直流电位与静电场对应点的静电电位完全一样。因此，我们可以用稳恒电流场中的电位分布来模拟静电场的电位分布。

用稳恒电流场模拟静电场必须注意条件的相似：

① 产生静电场的带电体形状和分布与稳恒电流场的电极形状和分布必须完全相同。

② 静电场中带电体表面是一等位面，要求稳恒电流场中的电极表面也是一等位面。这只有在电极的电导率远大于导电介质的电导率时，方能成立。所以，导电介质的电导率不宜过大。

③ 静电场中的介质对应于稳恒电流场中的导电介质。如果研究的是真空（或空气）中的静电场，相应的稳恒电流场必须是均匀分布的导电介质中的场。若模拟垂直于柱面的、每个平面内电场分布都相同的场，还要求导电介质的电导率远大于空气的电导率。

2. 同轴圆柱面电极间电场的模拟

金属同轴圆柱面横断面如图 3.2 所示，已知中心电极为 a、半径为 r_0，同轴外电极为 b、半径为 R_0。将其置于导电玻璃上，在 a、b 电极之间加上电压 U_0（a 接正、b 接负），电流将轴对称地沿径向从内电极流向外电极。两个电极之间的电流场所形成的同心圆等位线，就可以模拟一个"无限长"均匀带电同轴柱面间形成的等位面。为了说明这一点，只要证明电流场中的场强 E' 与静电场中的场强 E 的分布情况相同即可。

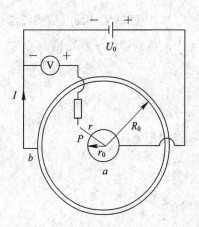

图 3.2　金属同轴圆柱面横断面

（1）同轴圆柱面电极间的静电场。

设一"无限长"均匀带电的同轴圆柱面的电荷线密度为 λ，其间充以介电常数为 ε 的介质，由静电学理论可知，柱面之间任意一点离轴为 r 处的电场强度 E 的大小为

$$E = \frac{\lambda}{2\pi\varepsilon r}$$

或

$$E = k\,\frac{1}{r} \quad (k = \frac{\lambda}{2\pi\varepsilon}) \tag{3.1.1}$$

电场强度的方向沿径向向外。

（2）同轴圆柱面电极间的电流场。

按上述同轴导体的断面大小取作两同心金属圆环，其间填入一薄层（设厚度为 t）的均匀导电介质（导电介质的电导率 σ 比金属环的电导率小得多），当两电极间加上稳定的直流电压时，在导电介质中就建立起了稳定的电场，并有直流电流通过。这时，离轴为 r 处某点 P 的电流密度为 j，根据欧姆定律（微分形式）有 $j = \sigma E'$，该点场强 E' 的大小为

$$E' = \frac{j}{\sigma} = \rho j = \rho\,\frac{\mathrm{d}I}{\mathrm{d}S} = \rho\,\frac{I}{S} = \rho\,\frac{I}{2\pi r t} = \frac{\rho I}{2\pi t}\cdot\frac{1}{r}$$

即

$$E' = \frac{\rho I}{2\pi t}\cdot\frac{1}{r}$$

或

$$E' = k' \frac{1}{r} \quad (k' = \frac{\rho I}{2\pi t}) \tag{3.1.2}$$

其中，ρ 为介质的电阻率。

适当选取模拟场参数 t、ρ、I，可使 $k' = k$，因而有 $E' = E$；显然 E' 的方向与 j 相同，若选取内圆环 a 为正极，则 j 的方向沿径向向外，故有

$$E = E' \tag{3.1.3}$$

3. 同轴圆柱面电极间任意一点 P 与外电极之间的电位差 U_r

根据静电学理论得

$$U_r = \int_r^{R_0} E \, \mathrm{d}r = \frac{\lambda}{2\pi\varepsilon} \int_r^{R_0} \frac{\mathrm{d}r}{r} = \frac{\lambda}{2\pi\varepsilon} \ln \frac{R_0}{r} \tag{3.1.4}$$

$$U_0 = \frac{\lambda}{2\pi\varepsilon} \cdot \ln \frac{R_0}{r_0} = U_a \tag{3.1.5}$$

两式相比可得

$$\frac{U_r}{U_0} = \frac{\ln \dfrac{R_0}{r}}{\ln \dfrac{R_0}{r_0}}$$

或

$$r = R_0 \left(\frac{r_0}{R_0} \right)^{\frac{U_r}{U_0}} \tag{3.1.6}$$

式(3.1.6)为 r 与 U_r/U_0 的变化关系。在模拟场中，r 和 U 容易测得，从而式(3.1.6)得到验证。

【实验内容】

(1) 将同轴圆柱面电极板插入电极座中，稍微调节电极板和坐标纸面，使 a 电极中心与坐标轴的(0,0)点重合。

(2) 按图 3.2 连接电路，将电压表的正极表笔作为实验探针，负极表笔接 0 电位 B 接线柱。

(3) 打开电源开关 U，将探笔与 a 电极接触好，调节电位器旋钮 W，使两电极间的电压为 6 V。

(4) 右手拿住探针，使探针垂直紧贴导电玻璃，眼睛注意电压表示数，分别找出 1 V、2 V、3 V、4 V、5 V、6 V 的等位线。每找出一个准确的等位值后，记住该点的坐标，并在自备的坐标纸上描出该点，每条等位线找 6~8 个点。另外，还要记录两电极的坐标位置和几何尺寸。

(5) 取下坐标纸，用制图工具将同一电位值的点连成光滑的曲线，构成相应于电位为 1 V、2 V、3 V、4 V、5 V 的等位线，量出它们的实际半径。

(6) 将同轴电极的理论值和实验值进行比较，计算误差，并将其填入表内。分析误差原因。

 思考与分析

电场强度和电势是表征电场特性的两个基本物理量，为了形象地表示静电场，常采用电场线(曾称电力线)和等势面来描绘静电场。电场线与等势面处处正交，因此只要有等势面的图形，就可以大致画出电场线的分布图；反之亦然。

由电磁学理论可知，无自由电荷分布的各向同性均匀电介质中的静电场的电势、与不含电源的各向同性均匀导体中稳恒电流场的电势两者所遵从的物理规律具有相同的数学表达式。在相同的边界条件下，这两种场的电势分布相似，因此只要选择合适的模型，在一定条件下用稳恒电流场去模拟静电场是可行的。学生通过该实验可以学习用相似物理量之间的模拟来实现间接测量的效果，这种思维是学生应该掌握的，学生在解决实际问题时可以借鉴这种方法来解决。

3.2　测量非线性元件的伏安特性

对欧姆定律不适用的导体和器件，即电流和电压不成正比的电学元件，称为非线性元件。按此定义，忽略了电抗特性效应后的半导体二极管、晶体管、场效应管等器件都是非线性电阻。

【实验目的】

(1) 学习使用数字万用表测量电流和电压，熟悉滑线电阻的分压和限流电路。
(2) 了解电流表内接、外接的条件和误差的估算方法。
(3) 了解非线性元件的特性。
(4) 测绘非线性元件的伏安特性曲线。

【实验仪器】

本实验所用仪器有：直流电源，直流电流表和直流电压表(分别用两块数字万用表代替)，滑线电阻 1900 Ω 和 100 Ω 各一只，稳压二极管(2CW$_1$)，导线和开关。

【实验原理】

1. 测量元件的伏安特性

当一个电学元件通以直流电后，再用电压表测出元件两端的电压，用电流表测出通过元件的电流。通常以电压为横坐标、电流为纵坐标作出元件电流和电压的关系曲线，称作该元件的伏安特性曲线。这种研究元件特性的方法叫作伏安法。伏安特性曲线为直线的元件叫作线性元件，如电阻；伏安特性曲线为非直线的元件叫作非线性元件，如二极管、三极管、光敏电阻、热敏电阻等。伏安法的主要用途是测量研究非线性元件的特性。一些传感器的伏安特性随着某一物理量的变化呈现规律性变化，如温敏二极管、磁敏二极管等。因此，分析了解传感器特性时，常需要测量其伏安特性。

根据欧姆定律：

$$R = \frac{U}{I}$$

即由电压表和电流表的示值 U 和 I 计算可得到待测元件 R_x 的阻值。非线性电阻的阻值是随电压（或电流）而变动的，因此分析它的阻值必须指出其工作电压（或电流）。表示非线性元件电阻的方法有两种，一种叫静态电阻（或叫直流电阻），用 R_D 表示；另一种叫动态电阻（或叫微变电阻），用 r_D 表示，它等于工作点附近的电压改变量与电流改变量之比。动态电阻可通过伏安特性曲线求出，如图 3.3 所示，图中 Q 点的静态电阻为 $R_D = \frac{U_Q}{I_Q}$，动态电阻 r_D 为 $r_D = \frac{\Delta U}{\Delta I}$。

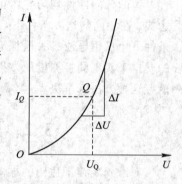

图 3.3　动态电阻伏安特性曲线

测量伏安特性时，电表的连接方法有两种：电流表内接和电流表外接。由于电表内阻的影响，这两种接法都会引起一定的系统误差。通常根据待测元件阻值及电表内阻，选择合适的电表连接方法，以减小接入误差的影响。测量小电阻时常采用电流表外接的方法；测量大电阻时常采用电流表内接的方法。如果已知电流表和电压表的内阻分别为 R_A 和 R_V，则再利用下列公式可以对被测电阻 R_x 进行修正。

当电流表内接时，有

$$R_x = \frac{U}{I} - R_A$$

当电流表外接时，有

$$\frac{1}{R_x} = \frac{I}{U} - \frac{1}{R_V}$$

又可以由下列公式估计测量 R_x 的相对不确定度：

当电流表内接时，有

$$\frac{\sigma_{R_x}}{R_x} = \frac{\left[\left(\frac{\sigma_U}{U}\right)^2 + \left(\frac{\sigma_I}{I}\right)^2 + \left(\frac{R_A}{U/I}\right)^2 \left(\frac{\sigma_{R_A}}{R_A}\right)^2\right]^{\frac{1}{2}}}{1 - \frac{R_A}{U/I}}$$

当电流表外接时，有

$$\frac{\sigma_{R_x}}{R_x} = \frac{\left[\left(\dfrac{\sigma_U}{U}\right)^2 + \left(\dfrac{\sigma_I}{I}\right)^2 + \left(\dfrac{U/I}{R_V}\right)^2\left(\dfrac{\sigma_{R_V}}{R_V}\right)^2\right]^{1/2}}{1 - \dfrac{U/I}{R_V}}$$

2. 半导体二极管

半导体的主要材料是四价元素，在四价元素中掺入微量的三价元素形成 P 型半导体；在四价元素中掺入微量的五价元素形成 N 型半导体。使 P 型半导体和 N 型半导体相接触，在它们接触的区域就形成了 PN 结，经欧姆接触引出电极，封装组成半导体二极管。

二极管是一种典型的非线性元件，在电路图中常用图 3.4(a)中的符号表示。二极管的主要特点是单向导电性，其伏安特性曲线如图 3.4(b)所示。其特点是：在正向电流和反向电压较小时，伏安特性呈现为单调上升曲线；在正向电流较大时，趋近为一条直线；在反向电压较大时，电流趋近极限值 $-I_s$，I_s 叫作反向饱和电流；在反向电压超过某一数值 $-U_b$ 时，电流急剧增大，这种情况称作击穿，U_b 叫作击穿电压。正向导通后锗管的正向电压降约为 $0.2\sim0.3$ V，硅管约为 $0.6\sim0.8$ V。由于二极管具有单向导电性，因此它在电子电路中得到了广泛应用，常用于整流、检波、限幅、元件保护以及在数字电路中作为开关元件等。

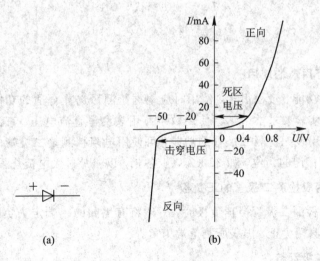

图 3.4　二极管伏安特性

3. 稳压二极管

稳压管是一种特殊的硅二极管，表示符号如图 3.5(a)所示，其伏安特性曲线如图 3.5(b)所示。在反向击穿电压区中一个很宽的电流区间内，伏安曲线陡直，此直线反向与横轴相交于 U_w。当稳压管工作在反向击穿区时，电流在一定范围内变化，二极管两端的电压也几乎不变，稳定在一数值。与一般二极管不同，稳压管的反向击穿是可逆的。去掉反向电压，稳压管又恢复正常，但如果反向电流超过允许范围，稳压管同样会因热击穿而损坏。稳压管常用于稳压、恒流等电路中。

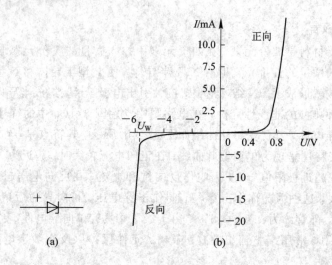

图 3.5　稳压管伏安特性

【实验内容】

1. 学习数字万用表的使用

数字万用表的功能、量程很多，使用时应根据待测量选择合适的功能和量程，同时注意表笔的接法。本实验要求学生学会使用数字万用表测量直流电压、直流电流、电阻及检测二极管。如果万用表无检测二极管的功能，可使用电阻挡测量二极管的正反向电阻，注意应选择有二极管标记的挡位，如 20 kΩ 以上各挡，以避免过大电流烧毁二极管。

2. 用数字万用表检测二极管的正负极

当使用万用表检测二极管挡正负极时，一般将有黑圈的一端定为负极，测量时，若有示数，则红表笔所测端为正，黑表所测笔端为负。

3. 测量稳压二极管特性

（1）测绘稳压二极管的正向伏安特性曲线。

① 线路分析及元件参数的计算。因二极管的正向压降一般为 1 V 左右，电压变化范围较小，故应选择限流线路。而限流线路需要计算的观测值：限流电阻的全电阻，限流电阻的额定功率，细调的精细度。

已知 2CW1 稳压二极管的正向电流为 50 mA，正向电阻设为 $R_0 = 40$ Ω，若特性曲线从

1 mA 作起，则最小电流 $I_{\min}=1$ mA。

根据 $I_{\max}=\dfrac{E}{R_0}$，则

$$E=I_{\max}\cdot R_0=50 \text{ mA}\times40 \text{ }\Omega=2 \text{ V}$$

线路电源电压应选为 2 V。

根据 $I_{\min}=\dfrac{E}{R+R_0}$，则

$$R+R_0=\frac{E}{I_{\min}}=\frac{2}{1\times10^{-3}} \text{ }\Omega=2000 \text{ }\Omega$$

$$R=2000 \text{ }\Omega-40 \text{ }\Omega=1960 \text{ }\Omega$$

限流电阻 R 应选用 1960 Ω，实验室现有的 1900 Ω 滑线电阻基本能满足要求。此滑线电阻允许通过 300 mA 电流，而线路中的最大电流仅为 50 mA，不会超过电阻的额定功率。

假设实验中细调的精细度要求 $\Delta I=1$ mA，根据 $\Delta I=\dfrac{I^2}{E}\Delta R$，则

$$\Delta R=\frac{E}{I^2}\Delta I=\frac{2}{(50\times10^{-3})^2}\times(1\times10^{-3}) \text{ }\Omega\approx1 \text{ }\Omega$$

为了满足 1 mA 的细调要求，滑线电阻的每圈电阻值应为 1 Ω。实验选用的 1900 Ω 滑线电阻共 1000 圈，$\Delta R=1.9$ Ω，基本可以使用。

② 测绘正向伏安特性曲线。按图 3.6 连接线路。合上 S，调节 R，电流每变化 1 mA，记录相应的电流、电压值，并将数据标于坐标纸上，作出正向伏安特性曲线。在曲线变化较大的地方尽可能多测几组数据，以便更准确地描绘曲线。

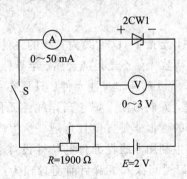

图 3.6　测绘正向伏安特性曲线连接线路

（2）测绘稳压二极管的反向伏安特性曲线。

由于 2CW1 管的额定电压（反向击穿电压）为 7 V 左右，反向电阻甚大，$R_{反}>10$ MΩ，故采用分压线路。为观察反向电流在 7 V 附近的变化，应在分压线路上接入限流电阻 R_1 用作细调。电源电压选择为 8～10 V。

按照图 3.7 连接线路。将 R_1 滑至最大位置，R 的接头 C 滑至 B 处。合上 S，调节 C 点，使二极管反向电压由小到大，观察电流表的变化，当电流表有指示时，记录下电流和电压值，再调节 C 点使电压每变化 0.1 V，记录相应的电流、电压值。当电流达到 10 mA 时，R 的调节就比较困难了，改用 R_1 调节，直至电流值达到 25 mA。将数据标于坐标纸上作出反向伏安特性曲线。

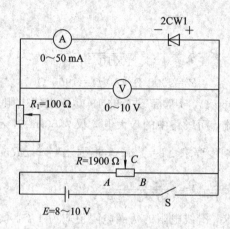

图 3.7　测测反向伏安特性曲线连接线路

由伏安特性曲线求出该稳压二极管的正向导通电压和反向稳定电压。求出 $U=0.8$ V 与 $U=-4$ V 时二极管的静态电阻；根据正向、反向电阻说明二极管的单向导电特性。

 思考与分析

线性导体又叫作线性元件，是指 I-U 曲线为直线的元件，即电阻恒值，所以只要电阻变化的元件都是非线性元件。事实上，不光是纯金属、半导体，甚至是一般的导体，它们的电阻都会随电压 U 发生变化，所以都是非线性元件。只是在一般情况下，当导体电阻在我们所考虑的问题中变化不大时，人们习惯上把它当作线性元件来处理，即将电阻近似看作恒值，并且在很多情况下这样的近似非常方便且合理。学生应该掌握非线性元件的电流电压关系。实验中可适当引导学生利用非线性元件的特性设计非线性电路，从而实现特定功能。对于相关专业的学生，可以适当深入了解目前前景较为广阔的纳米非线性元件的设计和制备方法。

3.3　用直流单臂电桥测电阻

惠斯通电桥（又称单臂电桥）是一种可以精确测量电阻的仪器。通用的惠斯通电桥电阻

R_1、R_2、R_3、R_4 叫作电桥的四个臂，G 为检流计，用以检查它所在的支路有无电流。

【实验目的】

（1）了解单臂电桥测电阻的原理。

（2）学会自己组合单臂电桥。

（3）掌握用箱式单臂电桥测量电阻的方法。

（4）了解电桥灵敏度。

【实验仪器】

本实验所用仪器有：旋钮电阻箱，QJ23 直流单臂电桥，待测电阻，数字万用表，检流计和开关。

【实验原理】

1. 直流单臂电桥测电阻的原理

直流单臂电桥又称惠斯通电桥，其基本原理如图 3.8 所示。图中 R_1、R_2 为固定电阻，R_s 为可调电阻，它们与待测电阻 R_x 连成一个四边形。每条边称为电桥的一个臂，在对角 A 和 C 之间接入电源 E，在对角 B 和 D 之间用检流计 G 搭桥连接。若调节 R_s，使 B 点和 D 点电位相等，则检流计 G 中无电流通过，电桥平衡。此时有

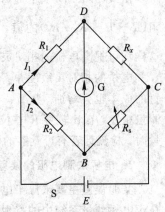

图 3.8　直流单臂电桥原理图

$$I_1 R_1 = I_2 R_2$$
$$I_1 R_x = I_2 R_s$$

两式相除得

$$R_x = \frac{R_1}{R_2} R_s \qquad (3.3.1)$$

式中：R_x 为待测臂；R_s 为比较臂；R_1 和 R_2 为比例臂，比值 R_1/R_2 称为倍率。由式（3.3.1）可见，在电桥平衡时，只要知道倍率和 R_s 的值，就可计算出待测电阻。

2. 电桥的灵敏度

从式（3.3.1）可以看出，电桥法测电阻是指将被测电阻与已知电阻进行比较（比较法），因而测量精度取决于已知电阻；另外，电桥平衡与否是根据检流计的偏转来判断的，若将 R_s 改变 ΔR_s，检流计的指针偏离平衡位置 Δn 格，则定义

$$S = \frac{\Delta n}{\dfrac{\Delta R_s}{R_s}} \qquad (3.3.2)$$

为电桥相对灵敏度。电桥相对灵敏度反映了电桥对电阻变化的分辨能力。若一个很小的

ΔR_s 能引起较大的 Δn 偏转，则 S 就大，灵敏度就高，因而测量精度就高。

在电桥平衡时，应用基尔霍夫定律，可以推出电桥的相对灵敏度为

$$S = \frac{S_g \cdot E}{(R_1 + R_2 + R_x + R_s) + \left(2 + \dfrac{R_2}{R_1} + \dfrac{R_x}{R_s}\right)R_g} \tag{3.3.3}$$

式中：S_g 为检流计灵敏度（$S_g = \Delta n / \Delta I_g$），$R_g$ 为检流计内阻，E 为电源电压。

由式（3.3.3）可知：提高电源电压 E，选择灵敏度高、内阻低的检流计，适当减小桥臂电阻 $(R_1 + R_2 + R_x + R_s)$ 的值，尽量使电桥的四臂阻值相等，且使得 $\left(2 + \dfrac{R_2}{R_1} + \dfrac{R_x}{R_s}\right)$ 的值最小，这样均可提高电桥的相对灵敏度。以上这些提高灵敏度的方法应根据具体情况灵活应用。

电桥的相对灵敏度并不是越高越好，因为灵敏度提高，抗干扰能力则会降低，测量装置的成本也会增加。判断一个电桥的相对灵敏度在实验中是否够用的原则是：根据装置的测量精度，在比较臂 R_s 首位读数盘不为零的条件下，当其末位有一个或几个该单位的改变量时，检流计若有可觉察的偏转，则电桥的相对灵敏度即可满足测量要求。

3. 电桥法测电阻的误差分析

实验误差主要来源于电桥四个臂电阻的系统误差，电桥相对灵敏度导致的测量误差存在于电桥测量系统中的寄生热电势和接触电势引起的误差（利用改变工作电流方向的方法，进行两次测量，对两次测量结果取平均值，可消除寄生热电势和接触电势引起的误差）。

【实验内容】

1. 用自组电桥测电阻

（1）将三个旋钮电阻箱分别看作 R_1、R_2 和 R_s，将它们和待测电阻 R_x 按照图 3.8 连接好。调节电源电压 $E = 2$ V。

（2）粗测待测电阻 R_x。选取倍率 $R_1/R_2 = 1:1$，调节比较臂 R_s，使电桥达到平衡，则 $R_x \approx R_s$。

（3）细测待测电阻 R_x。选取既能充分发挥比较臂 R_s 电阻箱的精度，又能使 R_1、R_2、R_s、R_x 四个电阻相接近的合适倍率 R_1/R_2（为什么？），然后仔细调节比较臂 R_s 的阻值，使电桥达到平衡（若在回路和桥路上加有限流电阻，在调节中应逐步减小限流电阻，反复调整，使电桥进一步达到平衡），记录下 R_s 的值，按式（3.3.1）计算出待测电阻 R_x 的值。

（4）电桥相对灵敏度的测量。当电桥平衡后，调节 R_s，改变 ΔR_s 值，从而使检流计正好偏转 1 格，则电桥相对灵敏度为

$$S = \frac{1 \text{ 格}}{\dfrac{\Delta R_s}{R_s}} = \frac{R_s}{\Delta R_s} (\text{格})$$

（5）等比例臂的情况下，可采用交换比例臂的方法进一步提高测量准确度。

（6）改变电源极性，观察热电势对测量结果的影响。

2. 用 QJ23 型箱式直流单臂电桥测量电阻

（1）将金属片接在"外接"处，然后调节检流计调零旋钮，使检流计指针指零。将待测电阻接于电桥面板的"R_x"两个接线柱上。

（2）在粗测未知电阻的基础上，保证比较臂 R_s 首位读数盘不为零的条件下，选取适当的倍率，以使测量结果得到较高的测量准确度。

（3）先按下按钮 B、后按下按钮 G 以接通电路（注意：断开电路时，要先放开 G，再放开 B）。调节 R_s 的四个旋钮，直至指针指零。此时通过检流计的电流为零，电桥平衡。待测电阻 R_x 的阻值为

$$R_x = 比较臂读数盘读数之和 \times 比例臂的倍率$$

（4）电桥使用完毕，将按钮 B 和按钮 G 断开，并将金属片接在"内接"处。

 思考与分析

在中学阶段学生们已学习了伏安法测电阻。伏安法测电阻的实验原理简单易懂，实验过程也简单易操作，采用伏安法测电阻的方法有两种，分别是电流表的内接法和外接法。不管是采用哪种方法测电阻，都需要测电压和电流，然后利用欧姆定律计算电阻值。本实验利用直流单臂电桥测电阻不需要测电压，也不需要测电流，只需要调节电阻，因此相比伏安法它具有很多优点，作为理工科学生应该掌握这种方法，并学会利用这种方法去解决实际问题。

3.4　双臂电桥测低电阻

电阻按阻值的大小可分为三类：阻值在 1 Ω 以下的为低值电阻，阻值在 1 kΩ～100 kΩ 范围内的为中值电阻，阻值在 100 kΩ 以上的为高值电阻。不同阻值的电阻的测量方法不同。利用惠斯通电桥测量中值电阻时，可以忽略接触电阻及连接导线的电阻带来的影响，但在测量 1 Ω 以下的低值电阻时，就不能忽略了，因为附加电阻一般约为 10^{-5} Ω～10^{-2} Ω 数量级，如果待测电阻在 10^{-1} Ω 数量级以下，就无法得出正确的测量结果。根据惠斯通电桥原理改进而成的双臂电桥（又称开尔文电桥）能够很好地消除附加电阻的影响，适用于测量阻值在 10^{-5} Ω～10 Ω 范围内的电阻。

【实验目的】

（1）了解双臂电桥的设计思想与结构。

（2）学习使用双臂电桥测量低电阻、电阻率和电阻温度系数。

【实验仪器】

本实验所用仪器有：直流双臂电桥，直导线四端电阻，绕组四端电阻，电热杯和蒸馏水。

【实验原理】

1. 双臂电桥的工作原理

图 3.9 所示为惠斯通电桥原理。如果待测电阻 R_x 是低电阻，R_s 也应该是低电阻，R_1 和 R_2 可以使用较高的电阻。这样虽然连接 R_1 和 R_2 的四根导线的电阻和接触电阻可以忽略，但连接 R_x 和 R_s 的四根导线的电阻和它们在 A、B、C 三点的接触电阻就不能忽略了。所以，惠斯通电桥不能测量低电阻，必须对其加以改进。

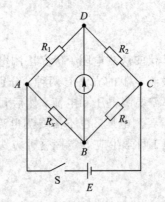

图 3.9　惠斯通电桥原理图

为了消除上述接触电阻的影响，先看图 3.10（a）所示用伏安法测金属棒电阻 R 的情况。图中电流 I 在 A 处分为 I_1、I_2 两支，考虑接线电阻和接触电阻，I_1 流经 A 点处电流表和金属棒间的接触电阻 r_1 后再流入 R；I_2 流经电压表和金属棒之间的接触电阻 r_3 后再流入电压表。同理，当 I_1、I_2 汇合到 B 点时，必须经过 r_4 和 r_2。因此，可以把 r_1、r_2 看作与 R 串联，而把 r_3、r_4 看作与电压表串联，它们的等效电路如图 3.10（b）所示。这样，电压表上的指示值包括 r_1、r_2 和 R 上的电压。由于 R 很小，r_1、r_2 的阻值具有与 R 相同的数量级甚至比 R 还大，所以，用电压表上的值来计算电阻 R 的值，其结果必然包含很大的误差。

如果将图 3.10（a）改成图 3.11（a），经过同样的分析可知，虽然接触电阻 r_1、r_2、r_3、r_4 都存在，但所处的位置不同，构成的等效电路如图 3.11（b）所示。由于电压表的内阻远大于 r_3、r_4 和 R，因此，电压表和电流表上的读数可以相当准确地反映电阻 R 上的电压和电流。这样，利用欧姆定律即可算出 R 的值。

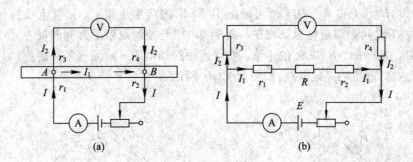

图 3.10　伏安法测电阻的两端接线法及等效电路

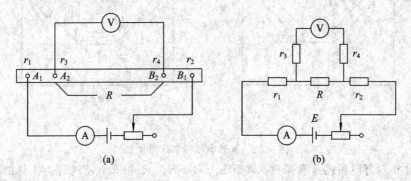

图 3.11　伏安法测电阻的四端接线法及等效电路

在测量低电阻时,为了消除接触电阻的影响,常把低电阻的两个接线端 A、B 分成四个接线端 A_1、A_2、B_1、B_2(见图 3.11(a)),这样的电阻称为四端电阻。把总电流通过的接线端 A_1、B_1 称作电流端(也称 C 端),而把决定所测电阻两端电压的接线端 A_2、B_2 称作电压端(也称 P 端)。

将这一理论应用于电桥电路中,就发展成了双臂电桥(见图 3.12),R_x 和 R_s 分别是待测电阻和标准电阻。

为避免图 3.9 单臂电桥中的 A 点到 R_x 和 C 点到 R_s 的导线产生电阻,可将这两条导线尽量缩短,最好缩短为零,使 A 点与 R_x 直接相接,C 点与 R_s 直接相接(见图 3.12(a))。为消去 A、C 两点的接触电阻,将 A 点分成 A_1、A_2 两点,C 点分成 C_1、C_2 两点。显然,图中 A_1、C_1 两点的接触电阻可并入电流源的内阻,A_2、C_2 两点的接触电阻 r_1、r_2 分别并入 R_1、R_2 中。图 3.9 中 B 点处的接触电阻和由 B 到 R_x 及 B 到 R_s 的导线电阻因影响太大而不能并入低电阻 R_x、R_s 中,因而需要对图 3.9 所示的单臂电桥作进一步的改良,在图 3.12(a)所示的线路中,增加 R_3 和 R_4 两个电阻,让 B 点移至跟 R_3、R_4 及检流计相串联,这样只剩下 R_x 和 R_s 相联的附加电阻了,为消除这一附加电阻的影响,将 R_x 与 R_s 相连的两个接点各自分开，成为 B_1、B_2 和 B_3、B_4，就可以把 B_2 和 B_4 的接触电阻 r_3、r_4 并入较高的电阻 R_3、R_4 中，B_1 与 B_3 之间则用短粗导线相连，该导线电阻与接触电阻的总和假设为 r。理论证明：适当调节 R_1、R_2、R_3、R_4 和 R_s 的阻值，就可消去附加电阻 r 对测量结果的影响，由此我们得到改进的双臂电桥的等效电路，如图 3.12(b)所示。

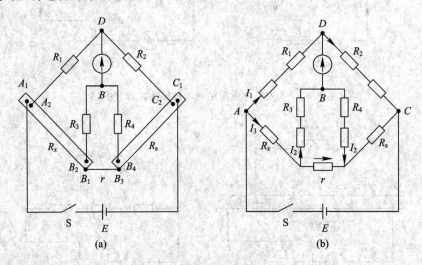

图 3.12 双臂电桥及其等效电路

现在推导双臂电桥的平衡条件。调节 R_1、R_2、R_3、R_4 和 R_s，使流过检流计的电流为零，即电桥达到平衡。此时经过 R_1 和 R_2 的电流相等，用 I_1 表示；通过 R_3 和 R_4 的电流也相等，用 I_2 表示；通过 R_x 与 R_s 的电流也相等，用 I_3 表示。因为 B、D 两点的电位相等，故有

$$\begin{cases} (R_1+r_1)I_1=R_xI_3+(R_3+r_3)I_2 \\ (R_2+r_2)I_1=R_sI_3+(R_4+r_4)I_2 \\ (R_3+r_3+R_4+r_4)I_2=r(I_3-I_2) \end{cases} \quad (3.4.1)$$

通常，R_1、R_2、R_3、R_4 均取几十欧姆或几百欧姆，而接触电阻、接线电阻 r_1、r_2、r_3、r_4 均在 $0.1\ \Omega$ 以下，故由式(3.4.1)得

$$\begin{cases} R_1I_1=R_xI_3+R_3I_2 \\ R_2I_2=R_sI_3+R_4I_2 \\ (R_3+R_4)I_2=r(I_3-I_2) \end{cases} \quad (3.4.2)$$

注意，将式(3.4.1)化简为式(3.4.2)则必须满足

$$\begin{cases} R_xI_3 \gg r_3I_2 \\ R_sI_3 \gg r_4I_2 \end{cases} \quad (3.4.3)$$

这两个条件。若不满足这两个条件，即 R_xI_3、R_sI_3 跟 r_3I_2、r_4I_2 具有相同的数量级或更大，则只忽略 r_3I_2、r_4I_2，而保留 R_xI_3 和 R_sI_3，就是不正确的。

联立求解，得

$$R_x = \frac{R_1}{R_2}R_s + \frac{rR_4}{R_3+R_4+r}\left(\frac{R_1}{R_2}-\frac{R_3}{R_4}\right) \tag{3.4.4}$$

由式(3.4.4)可以看出，双臂电桥的平衡条件与单臂电桥平衡条件的差异在于多出了第二项。分析该项发现，若满足辅助条件：

$$\frac{R_1}{R_2}=\frac{R_3}{R_4} \tag{3.4.5}$$

则该项为零，双臂电桥的平衡条件变为

$$R_x = \frac{R_1}{R_2}R_s \tag{3.4.6}$$

由上式可见双臂电桥与单臂电桥具有相同的表达式。当调节双臂电桥平衡时，由比较臂电阻 R_s 与倍率 R_1/R_2 示数的乘积，便可求得待测低电阻 R_x，但前提是必须满足式(3.4.3)与式(3.4.5)的条件。

怎样保证 $R_x I_3 \gg r_3 I_2$、$R_s I_3 \gg r_4 I_2$ 呢？因为 R_x 和 R_s 均为低电阻，数量级往往比 r_3 和 r_4 还略小，故只能要求 $I_3 \gg I_2$，又从式(3.4.1)可得

$$\frac{I_3}{I_2} \approx \frac{R_3+R_4}{r}$$

要使 $I_3 \gg I_2$，必须使 $R_3+R_4 \gg r$，而 R_3 与 R_4 不能选得太大，否则会影响电桥的灵敏度。所以两低电阻间的附加电阻 r 越小越好，至少要跟 R_x 和 R_s 的数量级相近。

为保证 $\dfrac{R_1}{R_2}=\dfrac{R_3}{R_4}$ 在电桥使用过程中始终成立，通常将电桥做成一种特殊结构，即将两对倍率 R_1/R_2 和 R_3/R_4 采用双十进电阻箱。在这种电阻箱里，两个相同十进电阻的转臂连接在同一转轴上，因此，在转臂的任一位置上都保持 R_1 和 R_3 相等，R_2 和 R_4 相等。上述电桥装置在单臂电桥基础上又增加了倍率 R_3/R_4，并使之随原有倍率 R_1/R_2 作相同变化，用以消除附加电阻 r 的影响，故称之为双臂电桥。

2. 导体电阻的特性

1）导体的电阻率

导体电阻的大小与该导线材料的物理性质和几何形状有关。对于一定材料制成的横截面积均匀的导体，它的电阻 R 与长度 l 成正比，与截面积 S 成反比，即

$$R = \rho \frac{l}{S} \tag{3.4.7}$$

式中：比例系数 ρ 由导体的材料决定，叫作材料的电阻率。对于截面积为圆形的导体，有

$$\rho = R \frac{\pi d^2}{4l} \tag{3.4.8}$$

式中：d 为圆形导体的直径。

2）导体电阻的温度系数

各种电阻的阻值都会随温度的变化而变化。对于金属导体，变化关系可用下式表示：

$$R_t = R_0(1 + \alpha t + \beta t^2 + \cdots) \tag{3.4.9}$$

式中：R_0 为导体在 0℃时的电阻；R_t 为导体在 t℃时的电阻；α，β，$\cdots$ 为电阻的温度系数，且 $\alpha > \beta > \cdots$。当温度的变化范围不大时，金属导体的电阻与温度之间近似地存在着如下线性关系：

$$R_t = R_0(1 + \alpha t) \tag{3.4.10}$$

而测量温度系数 α 有许多种方法。

3. QJ-44 型直流双臂电桥简介

双臂电桥有多种型号，但其基本原理都相同，只是工作条件、测量范围不一样。图 3.13(a) 和图 3.13(b) 分别是 QJ-44 型直流双臂电桥的面板图和线路图。图 3.12 中的 R_s 在图 3.13 中被分为连续可变和阶跃可变两部分，由步进读数和滑线读数盘组成。图 3.13 中倍率的读数有 100、10、1、0.1、0.01 五挡，为图 3.12 中 R_1/R_2 和 R_3/R_4 的值。

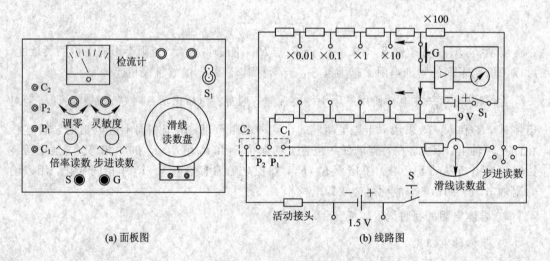

图 3.13   QJ-44 型直流双臂电桥

QJ-44 型双臂电桥符合部标 JB1391—1974 规定，在环境温度为 (20±5)℃、相对湿度小于 80% 的条件下，基本量程为 (0.001~11)Ω 范围内，测量基本误差允许极限为

$$\Delta R_x = 0.2\% R_{\max} \tag{3.4.11}$$

式中：0.2 是准确度等级，$R_{\max}$ 为在所用的倍率（R_1/R_2）下最大可测电阻值。与倍率读数对应的测量范围及基本误差极限如表 3.2 所示。

表 3.2　QJ‑44 型直流双臂电桥的测量范围与基本误差极限

倍　率	量　程/Ω	R_{max}/Ω	$\Delta R_x = 0.2\% R_{max}$/Ω
×1	1.1～11	11	0.22
×10^{-1}	0.11～1.1	1.1	0.022
×10^{-2}	0.011～0.11	0.11	0.0022
×10	0.1～1.1	11	0.22
×100	1.1～11	11	0.22

【实验内容】

1. 测量导体的电阻率

（1）将直导线"四端电阻"（如图 3.14 所示）的电流端接在 C_1、C_2 接线柱上，电压端接在 P_1、P_2 接线柱上，用双臂电桥测量 P_1、P_2 之间的电阻 R。

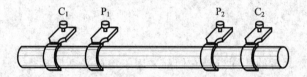

图 3.14　四端电阻

（2）接通电流放大器电源开关"S_1"，预热 5 min 后调零，并将"灵敏度"旋钮调至最低。测量中调节平衡时应先从低灵敏度开始。选择合适的倍率，按下电源按钮"S"（"S"一般应间歇使用）、检流计按钮"G"，调节步进盘和滑线盘使电桥平衡，然后逐步将灵敏度调到最大，并随即调节电桥平衡，从而得到读数 R_s 与 R_1/R_2，则

$$R_x = 倍率 \times （步进盘读数 + 滑线盘读数）$$

（3）测量完毕，应先掀开按钮"G"，再快速掀开按钮"S"，并将"S_1"拨向"断"位置。

（4）为消除寄生热电势和接触电势对测量结果的影响，可以改变电源的极性，正、反方向各测一次。

（5）用米尺测量 P_1、P_2 间导体的长度 l，用千分尺测量其直径 d，各重复五次。

（6）用式（3.4.8）计算导体的电阻率 ρ。

2. 测量导体电阻的温度系数

（1）将待测金属绕组"四端电阻"浸入盛油（或蒸馏水）的电热杯中。

（2）按内容"1"中的方法测量室温下的电阻 R_1，并从温度计上读出此时的温度 t_1。

（3）加热电热杯，温度每升高 5℃，测量一次电阻，共测量 10 个点。

（4）以温度 t_i 为横坐标，电阻 R_i 为纵坐标，作一条直线，根据式(3.4.10)可从图中求得截距 R_0 及斜率 m，于是可得电阻温度系数

$$\alpha=\frac{m}{R_0} \tag{3.4.12}$$

 思考与分析

上节实验我们学习了直流单臂电桥测电阻的方法，与本节实验相比，其相同和不同之处具体如下：

1. 不同点

（1）结构不同。惠斯通电桥又叫单臂电桥，桥臂中只有一个是待测电阻；而双臂电桥待测电阻实际上是连接在两个桥臂上的。

（2）应用不同。惠斯通电桥主要用来测量中值电阻(一般为大于 1 Ω 小于 1 MΩ 的电阻)，而双臂电阻主要用来测量低值电阻(小于 1 Ω 的电阻)。

（3）影响因素不同。单臂电桥会受外接回路电阻的影响，而双臂电桥则排除了外接回路电阻的影响。

2. 相同点

单臂电桥与双臂电桥的相同点是它们都采用了电桥平衡原理。

在双臂电桥中，选择相同的接线柱和导线都比较容易，只要其影响相同，从理论上说对被测电阻的影响是不存在的；在实际测量中，这种影响是存在的，但从测量的手段而言，可以忽略不计。

因此，对精度要求极高的电阻测量，可以说双臂电桥能够大大减少接线电阻和接触电阻对测量结果的影响。因此，用直流双臂电桥测量小电阻时，能得到较准确的测量结果。功率越大的变压器，直流电阻相对越小。

学生在学习这两个实验之后，应该掌握测量不同阻值范围电阻的方法，在实际测量电阻时应选择合适的方法。学生在实践中可开拓用不同方法去解决同一类问题的思路。通过以上两个实验可培养学生分析问题和解决问题的能力。

3.5 热电偶定标和测温

热电偶是热能—电势能的转换器，输出量为热电势，它的重要应用之一是测量温度。热电偶与水银温度计等测温器件相比，不仅测温范围广(−200℃～2000℃)、灵敏度和准确度高、结构简单、制作方便，而且热容量小、响应快，对测量对象的状态影响小。由于热电

偶能直接将温度转换成电动势，因而非常适用于自动调温和控温系统。

【实验目的】

（1）了解热电偶的测温原理。

（2）学习热电偶的使用方法。

（3）学习用数字电压表测量温差电动势。

【实验仪器】

本实验所用仪器有：TE-1 温差电偶装置和数字电压表。

TE-1 温差电偶装置是把用铜和康铜丝焊接而成的热电偶固定在 T 型支架上，低温 t_0 端点放入盛有冰水混合物的保温杯中，高温 t 端点放入盛水的电热杯中，用温度计表示热端的温度。实验时将热电偶与数字电压表相连接。

数字电压表能够准确测量低电动势，而且方便快捷，是电位差计很好的替代产品。本实验所使用的 DM-V$_2$ 型数字电压表的量程为 19.99 mV，3 位半数码管显示电压值。

【实验原理】

1. 热电偶

将两根不同的金属或合金丝的端点互相连接（接点焊接或熔接），形成一个闭合回路（如图 3.15 所示），当两接点有不同的温度时，回路中将产生电动势，称为温差电动势。这种现象称为热电效应或温差电效应，这个闭合回路称为热电偶。热电偶就是基于这种效应来测温的。

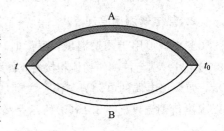

图 3.15　热电偶

热电偶回路中产生的温差电动势是由汤姆逊电动势和珀耳帖电动势联合组成的。

汤姆逊电动势是因为同一导体的两端温度不同，高温端的电子能量比低温端的电子能量大，所以高温端跑向低温端的电子数目比低温端跑向高温端的要多。这种自由电子从高温端向低温端的扩散，使得高温端因电子数减少而带正电，低温端因电子堆积而带负电，从而在高、低温端之间产生一个从高温端指向低温端的电场。该电场将阻滞电子从高温端向低温端扩散，而将电子从低温端向高温端搬运直至两种运动最后达到动态平衡，使导体两端保持一个电势差，该电势就是汤姆逊电动势。它的大小只与导体材料和两端温度有关，与导体形状无关。若用同一种材料的两根导体组成闭合回路（假设图 3.15 中 A 材料与 B 材料相同），则汤姆逊电动势反向且相等，在回路中的作用相互抵消，不能形成稳恒电流。

珀耳帖电动势亦称接触电动势。当 A、B 两种不同导体接触时，由于材料不同，两导体内的电子密度也不同，电子向接触面两边扩散的程度也就不同。若 A 导体的电子密度小于 B 导体，则接触处电子从 A 扩散到 B 的数目比从 B 向 A 扩散的少，结果，A 因得到电子而带负电，B 因失去电子而带正电。因此，在接触区形成由 B 到 A 的电场，这个电场对电子从 B 到 A 的扩散起阻滞作用，而对从 A 到 B 的扩散起加速作用，达到动态平衡后，使接触面间产生稳定的电势差，这就是珀耳帖电动势。接触电动势的大小除与两种导体的材料有关外，还与接触点的温度有关，温度越高，接触电势差也就愈大。若图 3.15 中 $t = t_0$，则仅靠接触电动势，回路中也不可能产生稳恒电流。因为两接触点处的接触电动势等值而反向，使得该回路总电动势为零。

因此，热电偶回路中温差电动势的大小除了和组成电偶的材料有关，还取决于两接触点的温差$(t - t_0)$，当制作电偶的材料确定后，温差电动势的大小就只取决于两个接触点的温差。电动势和温差的关系非常复杂，若取二级近似，则可表示为如下形式：

$$E = c(t - t_0) + d(t - t_0)^2 \tag{3.5.1}$$

式中：t 为热端温度，t_0 为冷端温度，而 c、d 是电偶常数，它们的大小仅取决于组成电偶的材料。粗略测量时，可取一级近似，即

$$E = c(t - t_0) \tag{3.5.2}$$

式中：c 称为温差电系数，代表温差为 1℃ 时的电动势。

2. 热电偶测温原理

热电偶可用于测量温度，测量时，使电偶的冷端接头温度保持恒定(通常保持在冰点 0℃)，另一端与待测的物体相接触，再用数字电压表测出电偶回路的电动势，如图 3.16(a)所示，如果该电偶的电动势与温差之间的关系事先已标定好，根据已知的 $E - \Delta t$ 曲线，就可以求出待测温度。图 3.16(b)所示是另一种测温线路，这种接法比较简单，但由于室温本身

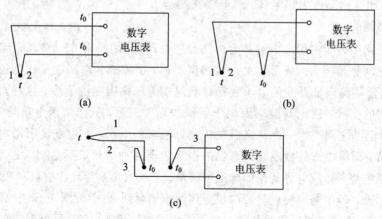

图 3.16 热电偶的三种测温线路

并不是固定的，而且连接数字电压表的两接头处的温度也可能有微小差别，因此这种接法准确度稍差，只能用于要求不高的测温场合。

使用热电偶时，总要在热电偶回路中接入数字电压表，因而电路回路实际上都接了第三种金属（数字电压表的电阻丝）。从理论上可以证明，只要第三种金属与热电偶的两个焊接点在同一温度，第三种金属的接入就对回路的温差电动势并无影响。这一性质在实际应用中是很重要的，例如，图 3.16(c) 所示为常用的测温线路，即用铜丝 3 将温差电动势接送到数字电压表进行测量。

3. 热电偶的标定

用实验的方法测量热电偶的热电动势与冷热端温度差之间的关系曲线，称为对热电偶定标。定标的方法有两种：

(1) 固定点法。利用适当的纯物质，在一定的气压下，把它们的熔点或沸点作为已知温度，测出热电偶在这些温度下对应的电动势，从而得到 $E - \Delta t$ 关系曲线。利用最小二乘法以多项式拟合实验曲线，可求得 c、d 等常数。采用这种方法定标的温度稳定、准确，已被定为国际温标的重要复现、校标的基准。

(2) 比较法。用一标准的测温仪器，如标准水银温度计或高一级的标准电偶，与待定热电偶一起放置在同一个能调温的盛有水或油溶液的容器中进行比较，亦可作出 $E - \Delta t$ 定标曲线。这种定标方法设备简单、操作简便，是最常用的一种定标方法。本实验用此法来对铜-康铜热电偶进行定标。

热电偶对温度有很强的敏感性。例如，对于铜-康铜热电偶，温度每改变 1℃，温差电动势约变化 40 μV，通常用数字电压表来测量温差电动势，只有在要求不太高的场合下才用毫伏表测量。在实际测量时，应使数字电压表与待测物体隔开一定的距离，以保持与两铜引线相接的仪器的两黄铜接线柱处的温度相同，避免两接点因温度有差异而产生附加的温差电动势。

【实验内容】

(1) 在保温杯中放入 2/3 杯深的冰水混合物，电热杯中放入 2/3 杯深的自来水，盖好盖子，插好温度计。

(2) 将热电偶的左右两端分别慢慢地插入电热杯和保温杯的铜管里（左右端均应插到绕线的限位点）。然后将热电偶装置的输出端与数字电压表相连。

(3) 记录室温和冷端温度 t_0。

(4) 给电热杯通电，让热端升温，当温度升至约 90℃ 时停止加热，再让系统降温，每降 5℃ 记录一次温度 t。同时，用数字电压表测出此时热电偶的温差电动势（若表显示负值，则可交换输出端，使表的电动势示值为正）。

（5）数据处理与作图。

已知室温＝_____℃，冷端温度 t_0＝_____℃。

以 $t-t_0$ 为横坐标、E 为纵坐标作图（作图时必须保证测量结果最终所应保留的有效数字位数）。利用所作曲线，求出电偶常数 c。

 思考与分析

测量温度的方法有很多，利用液体体积对温度的依赖关系可以设计制作温度计，我们生活中的体温计就是利用这个原理来测温度的。本实验开拓了测量温度的方法，学生可从这些方法中学习实验思路。在实际生产生活中各种测量温度的方法各有优势。学生也可以在本实验给定的热电偶材料之外自行选择设计类似的热电偶，并用同样的方法测定温度。本实验建议设定为开放性实验，学生可以自行发挥想象去实验并达到实验目的。

3.6　PN 结物理特性及玻耳兹曼常量的测量

采用不同的掺杂工艺，通过扩散作用，将 P 型半导体与 N 型半导体制作在同一块半导体（通常是硅或锗）基片上，在它们的交界面形成的空间电荷区称为 PN 结（PN Junction）。PN 结具有单向导电性，是电子技术中许多器件所利用的特性，例如，PN 结是半导体二极管、双极性晶体管的物质基础。

【实验目的】

（1）在室温时，测量 PN 结电流与电压的关系，证明此关系符合玻耳兹曼分布规律。

（2）在不同的温度条件下，测量玻耳兹曼常量。

（3）学习用运算放大器组成电流-电压变换器测量弱电流。

（4）测量 PN 结电压与温度的关系，求出该 PN 结温度传感器的灵敏度。

（5）计算在 0 K 温度时，半导体硅材料的近似禁带宽度。

【实验仪器】

本实验所用仪器有：半导体 PN 结的物理特性实验仪。

【实验原理】

1. PN 结的伏安特性及玻耳兹曼常量测量

PN 结的正向电流-电压关系满足

$$I = I_0 \left[\exp\left(\frac{eU}{kT}\right) - 1 \right] \tag{3.6.1}$$

当 $\exp[eU/(kT)] \gg 1$ 时，式(3.6.1)中括号内的 -1 项完全可以忽略，于是有

$$I = I_0 \exp\left(\frac{eU}{kT}\right) \tag{3.6.2}$$

也即 PN 结正向电流随正向电压按指数规律变化。若测得 PN 结的 I-U 关系值，则利用式(3.6.1)可以求出 $e/(kT)$。在测得温度 T 后，就可以得到 e/k，把电子电量 e 作为已知值代入，即可求得玻耳兹曼常量 k。实验线路如图 3.17 所示。

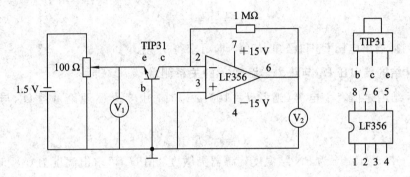

图 3.17　PN 结扩散电源与结电压关系实验线路

2. 弱电流测量

LF356 是一个高输入阻抗集成运算放大器，用它组成电流-电压变换器(弱电流放大器)，如图 3.18 所示。其中虚线框内的电阻 Z_r 为电流-电压变换器等效输入阻抗。

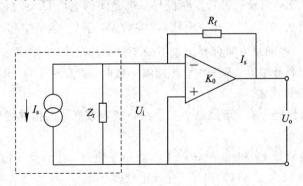

图 3.18　电流-电压变换器

运算放大器的输出电压 U_o 为

$$U_o = -K_0 U_i \tag{3.6.3}$$

式(3.6.3)中，U_i 为输入电压，K_0 为运算放大器的开环电压增益，即图 3.18 中电阻 $R_f \to \infty$

时的电压增益（R_f 称为反馈电阻），因而有

$$I_s = \frac{U_i - U_o}{R_f} = \frac{U_i(1 + K_0)}{R_f} \tag{3.6.4}$$

由式(3.6.4)可得电流-电压变换器的等效输入阻抗

$$Z_x = \frac{U_i}{I_s} = \frac{R_f}{1 + K_0} \approx \frac{R_f}{K_0} \tag{3.6.5}$$

由式(3.6.3)和式(3.6.4)可得电流-电压变换器输入电流 I_s 与输出电压 U_o 之间的关系式，即

$$I_s = \frac{U_i}{Z_r} = -\frac{U_o}{R_f} \tag{3.6.6}$$

只要测得输出电压 U_o 和已知 R_f 值，即可求得 I_s 值。

3. PN 结的结电压 U_{be} 与热力学温度 T 的关系测量

当 PN 结通过恒定小电流（通常 $I = 100~\mu\text{A}$ 时，由半导体理论可得 U_{be} 与 T 的近似关系为

$$U_{be} = ST + U_{g0} \tag{3.6.7}$$

式中：$S = -2.3~\text{mV/}℃$ 为 PN 结温度传感器灵敏度。由 U_{g0} 可求出温度为 0 K 时半导体材料的近似禁带宽度 $E_{g0} = qU_{g0}$。硅材料的 E_{g0} 约为 1.20 eV。

【实验内容】

1. 测定 I_c -U_{be} 关系、进行曲线拟合并计算玻耳兹曼常量

(1) 在室温情况下，测量三极管发射极与基极之间的电压 U_1 和相应电压 U_2。U_1 值为 0.30～0.50 V，每隔 0.01 V 测一相应电压 U_2 的数据，至 U_2 达到饱和（U_2 变化较小或基本不变）。在记录数据开始和结束时都要记录下变压器油的温度 θ，取温度平均值 $\bar{\theta}$。

(2) 改变干井恒温器温度，待 PN 结与油温一致时，重复测量 U_1 和 U_2 的关系数据，并与室温测得的结果进行比较。

(3) 曲线拟合求经验公式：运用最小二乘法将实验数据代入指数函数 $U_2 = a\exp(bU_1)$。并求出相应的 a 和 b 值。

(4) 求玻耳兹曼常量 k。利用 $b = e/(kT)$，把电子电量 e 作为已知值代入，求出 k，并与玻耳兹曼常量公认值（$k_0 = 1.381 \times 10^{-23}$）进行比较。

2. 测定 U_{be}-T 关系并计算硅材料为 0 K 时近似禁带宽度 E_{g0} 的值

(1) 通过调节图 3.19 电路中的电源电压，使上电阻两端电压保持不变，即电流 $I = 100~\mu\text{A}$。同时用电桥测量铂电阻 R_T 的电阻值，得恒温器的实际温度。从室温开始每隔 5～10℃测一组 U_{be} 值，并记录。

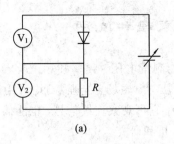 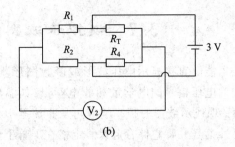

(a)　　　　　　　　　　　　　　　(b)

图 3.19　测量 U_{be}-T 电路图和电桥测电阻电路图

（2）曲线拟合求经验公式。运用最小二乘法将实验数据分别代入线性回归、指数回归、乘幂回归这三种常用的基本函数（它们是物理学中最常用的基本函数），然后求出衡量各回归程序好坏的标准差 δ。对已测得的 U_1 和 U_2 各对数据，以 U_1 为自变量、U_2 为因变量，分别代入：线性函数 $U_2 = aU_1 + b$；乘幂函数 $U_2 = aU_1^b$；指数函数 $U_2 = a \cdot \exp(bU_1)$。求出各函数相应的 a 和 b 值，得出三种函数式。判断究竟哪一种函数符合物理规律必须用标准差来检验。判断方法是：把实验测得的各个自变量 U_1 分别代入三个基本函数，得到相应因变量的预期值 U_2^*，并由此求出各函数拟合的标准差，即

$$\delta = \sqrt{\sum_{i=1}^{n}\left[\frac{(U_2 - U_2^*)^2}{n}\right]}$$

用最小二乘法对 U_{be}-T 关系进行直线拟合，求出 PN 结测温灵敏度 S 及近似求得温度为 0 K 时硅材料的禁带宽度 E_{g0}。

 思考与分析

半导体 PN 结的物理特性是物理学和电子学的重要基础内容之一，PN 结也是很多半导体器件的核心，PN 结的性质集中反映了半导体导电性能的特点。PN 结所具有的半导体特有的物理现象一直受到人们的广泛重视。用运算放大器组成电流-电压变换器测量弱电流，可以测量出 PN 结扩散电流与电压的关系，证明此关系遵循指数分布规律，并较精确地测出玻耳兹曼常量。PN 结构成的二极管和三极管的伏安特性与温度密切相关，利用这一特性可制成 PN 结温度传感器，包括二极管温度传感器和三极管温度传感器，以及集成电路温度传感器。这类传感器具有灵敏度高、响应快、体积小等特点，在自动温度检测等方面有广泛的应用。本实验中可以通过测量 PN 结正向电压 U_F 与热力学温度 T 的关系，求得该传感器的灵敏度，并近似求得温度为 0 K 时硅材料的禁带宽度。

相关专业的学生应掌握常见 PN 结的物理特性，并尝试自行设计 PN 结实现特定物理性能。

3.7 模拟示波器的原理和使用

示波器能够直接显示电压波形或函数图形，并能测量电压、频率和相位等参数。一切可以转化为电压信号的电学量和非电学量（如温度、压力、磁场、光强等）均可用示波器来观察测量。现代示波器的频率响应可从直流至 10^9 Hz；它可观察连续信号，也能捕捉到单个的快速脉冲信号并将它储存起来，定格在屏幕上供分析和研究。

示波器的种类很多，可分为模拟电路示波器与数字电路示波器。它们功能各异，如有可同时观测两个信号的双踪示波器，也有具备"记忆"功能的存储示波器等。

【实验目的】

（1）了解模拟示波器的基本结构和原理。

（2）学会模拟示波器的基本用法。

【实验仪器】

本实验所用仪器有：YB4324 双踪示波器和 YB1635 函数发生器。

1. YB4324 双踪示波器

本实验采用 YB4324 双踪示波器，它的特点是在单踪示波器上增设一个电子开关，可同时观测两个电压波形。该示波器的面板如图 3.20 所示。

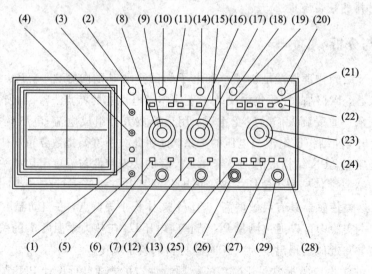

图 3.20　YB4324 双踪示波器面板

面板上各键的名称及功能如下：

(1) POWER 电源开关：按此开关，仪器电源接通，指示灯亮。

(2) INTENSITY 亮度：调节光迹的亮度。

(3) FOCUS 聚焦：调节光点的大小或亮线的粗细。

(4) TRACE ROTATION 光迹旋转：调节光迹与水平线平行。

(5) PROBE ADJUST 校准信号：输出方波，用以校准 Y 轴偏转因数和扫描时间因数。

(6) AC GND DC 耦合方式：通道 1 的输入耦合方式选择。AC，信号中的直流分量被隔开；DC，信号与仪器通道直接耦合；GND，输入端处于接地状态。

(7) CH1 OR X 通道 1 输入插座：在常规使用时，作为垂直通道 1 的输入口；当仪器工作在 X-Y 方式时作为水平轴信号输入口。

(8) VOLTS/DIV 通道 1 灵敏度选择：简写为"V/Div"（"V/格"），粗调图形的幅度。标称值为偏转灵敏度，其单位为 V/格。旋钮上最长的那根"筋"为指针。

(9) VARIABLE PULL×5 微调拉×5：微调图形的幅度；顺时针旋足时为校准位置，测量时应处在此位置；拉出时，增益扩展 5 倍，灵敏度旋钮的指示值应为原来的 1/5。

(10) POSITION 垂直位移：调节光迹在垂直方向的位置。

(11) MODE 垂直方式：CH1，只显示 CH1 通道的信号；CH2，只显示 CH2 通道的信号；ALT，两路信号交替显示；CHOP，两路信号断续工作；ADD，显示两路信号相加的结果，若 CH2 极性开关被按入，则两信号相减。

(12)、(13)、(14)、(15)、(16)：作用于 CH2，功能分别同(6)、(7)、(8)、(9)。在 X-Y 方式时，通道 2 仍作为 Y 轴输入口。

(17) CH2 极性：未按入键时，CH2 的信号为常态显示；按入键时，CH2 的信号被反相。

(18) POSITION 水平位移：调节光迹在水平方向的位置。

(19) SLOPE 极性：选择被测信号在上升沿或下降沿触发扫描。

(20) LEVEL 电平：调节被测信号在变化至某一电平时触发扫描。

(21) SWEEP MODE 扫描方式：自动（AUTO）方式，即无触发信号输入时，屏幕上显示扫描光迹，一旦有触发信号输入，电路自动转换为触发扫描状态；常态（NORM）方式，即无信号输入时，屏幕无光迹显示，有信号输入时，电路被触发扫描，当被测信号频率低于 50 Hz 时，必须选择该方式；单次（SINGLE）方式，即按动此键，电路工作在单次扫描方式，当触发信号输入时，扫描只产生一次，下次扫描需要再次按动单次按键。

(22) TRIG'D READY 触发（准备）指示：仪器工作在非单扫描方式时，灯亮表示扫描电路工作在被触发状态；仪器工作在单次扫描方式时，灯亮表示扫描电路在准备状态，此时若有信号输入，将产生一次扫描。

(23) SEC/DIV 扫描速率选择：简写为"t/DIV"（"t/格"），指粗调锯齿波的周期。标称值为扫描速率，其单位为 t/格，旋钮上最长的那根"筋"为指针。当指针旋至"X－Y"方式时，锯齿波信号被关掉，通道 1 作为 X 轴输入端。

（24）VARIABLE PULL×5 微调拉×5：微调扫描速率；顺时针旋足为校准位置，测量时应处在此位置；拉出时，水平增益被扩展 5 倍，扫描速率旋钮的指示值应为原来的 1/5。

（25）TRIGGER SOURCE 触发源：CH1，在双踪显示时，触发信号来自 CH1 通道，单踪显示时，触发信号则来自被显示的通道；CH2，同理，交替（ALT），在双踪交替显示时，触发信号交替来自两个 Y 通道，此方式用于同时观测两路不相关的信号；电源（LINE），触发信号来自市电；外接（EXT），触发信号来自触发输入端口。

（26）⊥：机壳接地端。

（27）AC/DC 外触发耦合：当选择外触发源且信号频率很低时，应置 DC 位置。

（28）NORM/TY 常态/TV：一般测量置"常态"，观测电视信号置"TV"。

（29）EXT INPUT 外触发输入：当选择外触发方式时，触发信号由此端口输入。

2. YB1635 函数发生器

YB1635 函数发生器产生频率的范围为 0.2 Hz～2 MHz，其输出波形为正弦波、三角波、方波、单次波、TTL 方波和直流电平。它可测量外接信号的频率，其面板布置如图 3.21 所示。

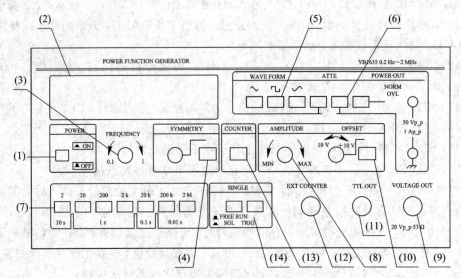

图 3.21　YB1635 函数发生器面板

面板各键的名称及功能如下：

（1）POWER：电源开关。

（2）LED 显示屏：指示输出信号频率。

（3）FREQUENCY：调节输出信号的频率。

（4）SYMMETRY 对称性开关、旋钮：按入后调节对称性旋钮，可改变波形的对称性。

（5）WAVEFORM 波形选择：按下某个键，选择输出波形。三键均未按下为直流电平。

（6）ATTE：电压输出衰减开关，如果二挡同时按下则为 60 dB。

（7）频率范围选择开关：根据需要的频率按下其中一键。

（8）AMPLITUDE 幅度旋钮：可改变输出电压的大小。

（9）VOLTAGE OUT 电压输出插座（与示波器的输入端相连）。

（10）OFFSET 电平控制开关、旋钮：按下此键，调节此旋钮可设置输出信号的直流电平。

（11）TTL OUT：TTL 方波输出插座。

（12）EXT COUNTER：外测频率输入端，最高频率为 10 MHz。

（13）COUNTER："内/外"测频选择开关，按下此开关为外测频率。

（14）SINGLE 单次组合开关：SGL 开关按下，按一次"TRIG"键，输出一个单次波形。

使用要点：① 频率开关置某一挡；② SYMMETRY、COUNTER、OFFSET 开关为常态（未按下）指示灯不亮。

【实验原理】

模拟示波器的主要组成部分有：示波管、竖直放大器（Y 放大器）、水平放大器（X 放大器）、扫描系统、触发同步系统和直流电源等，如图 3.22 所示。

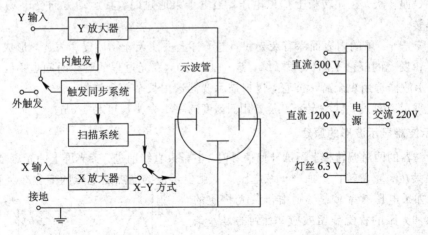

图 3.22　示波器的组成

1. 示波管

示波管又称阴极射线管，基本结构如图 3.23 所示，主要包括电子枪、偏转系统和荧光屏三个部分，并全部密封在高真空的玻璃外壳内。

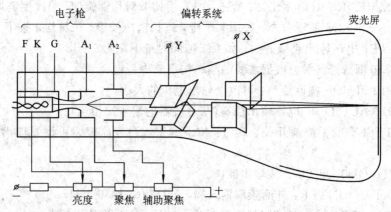

F—灯丝；K—阴极；G—栅极；A_1—第一阳极；A_2—第二阳极；Y—竖直偏转板；X—水平偏转板

图 3.23　示波管的结构简图

（1）电子枪：阴极表面涂有氧化物，被灯丝加热后发射出电子。栅极的电位比阴极低，用于控制阴极发射的电子数，从而控制荧光屏显示光斑的亮度。面板上的"亮度"旋钮实际就是调节该电位的。第一阳极和第二阳极加有直流高压，使电子加速，并有静电透镜的作用，能将电子束汇聚成一点，即"聚焦"。

（2）偏转系统：由两对互相竖直的偏转板组成，第一对是竖直（或 Y）偏转板，第二对是水平（或 X）偏转板。在偏转板上加以电压，当电子束通过时，其运动方向受电场力的影响而发生偏转。

（3）荧光屏：屏的内表面涂有荧光粉，电子打上去使荧光物质受激发光，形成光斑。不同的荧光粉发光的颜色不同（有黄、绿、蓝、白之分），发光过程的延续时间也不同。一般来说，高频示波器选用短余辉示波管，慢扫描示波器选用长余辉示波管。

荧光屏上有刻度，供测定光点位置用。刻度的每 1 大格长度为 1 cm。

2. 示波器显示波形的原理

当示波器的两对偏转板上不加任何信号时，电子束直线前进，荧光屏上的光点是静止的。

如果只在竖直偏转板上加一正弦电压 u_y，则电子束的亮点随电压的变化在竖直方向来回运动。如果电压频率较高，则由于荧光物质的余辉现象和人眼的视觉残留效应，看到的是一条竖直亮线，如图 3.24 所示。线段的长度与正弦波的峰值成正比，还与 Y 放大器的放大倍数有关，可通过面板上的"偏转灵敏度"旋钮进行调节，调节方式包括断续"粗调"和连续"微调"两种。

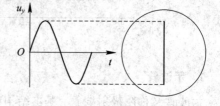

图 3.24　竖直偏转板上加正弦电压

若要在屏幕上显示正弦波，就要将光点沿水平方向展开，为此，必须同时在水平偏转板上加一随时间作线性变化的电压 u_x，称为扫描电压（如图 3.25 所示），其特点是从 $-u_{xm}$ 开始随时间成正比地增加到 u_{xm}，然后又突然返回到 $-u_{xm}$，此后再重复地变化。这种电压随时间变化的关系曲线形同"锯齿"，故称"锯齿波电压"（在图 3.22"扫描系统"方框中产生）。

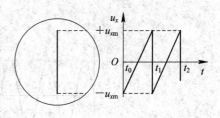

图 3.25　水平偏转板上加扫描电压

它使电子束的水平位移 $x \propto u_x \propto t$，即位移与时间呈线性关系。当仅在水平偏转板上加锯齿波电压时，如果频率足够高，则荧光屏上显示一条水平亮线，此线称为扫描线。扫描频率用面板上的"扫描速率"旋钮调节，它包括断续"粗调"和连续"微调"。

如果在竖直偏转板上加周期为 T_y 的正弦电压 u_y，同时在水平偏转板上加周期为 T_x 的锯齿电压 u_x，电子束受竖直和水平两个方向的电场力的作用，电子束的运动是两个相互垂直运动的合成。若 $T_x = T_y$，则在屏上显示出一个完整周期的正弦电压波图形，如图 3.26 所示。

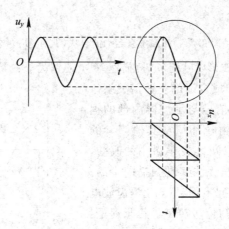

图 3.26　互相垂直运动的合成（$T_x = T_y$）

3. 触发同步

分析图 3.26 可看出，当扫描电压的周期 T_x 为被观测信号周期 T_y 的整数倍时，即

$$T_x = nT_y \qquad (n = 1, 2, 3, \cdots) \qquad (3.7.1)$$

每次锯齿波的扫描起始点会准确地落到被观测信号的同相位点，于是每次扫出完全相同而又重合的波形在屏上稳定地显示，即扫描信号和被观测信号达到同步，称为扫描同步。但若 $T_x \neq nT_y$ 时（见图 3.27），则每次扫描起始点会在非同相位点，于是每次扫出的波形不重合，屏上将出现移动（向左或向右）的或杂乱的图形。

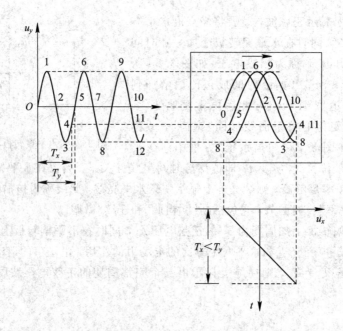

图 3.27 相互垂直运动的合成$(T_n \neq nT_y)$

为了获得一定数目的波形,可调节"扫描速率",使锯齿波的周期 T_x(或频率 f_x)与被测信号的周期 T_y(或频率 f_y)成合适的整数倍关系。

输入 Y 偏转板的被测信号与示波器内部的锯齿波电压是相互独立的,由于环境或其他因素的影响,它们的周期(或频率)可能发生微小的改变,仅靠调节"扫描速率"旋钮是无法实现扫描同步的。为此,示波器内装有"触发同步"装置,让锯齿波电压的扫描起点自动跟着被测信号改变。其原理是:从 Y 放大电路中取出部分待测信号作为触发信号,这种同步方式称为"内触发"。将该信号送至触发电路,当其电平达到某一选择的触发电平(如图3.28 中的 A 点电平)时,触发电路便输出触发脉冲,用它去启动扫描电路进行扫描,即光点启动,由 A 点向 A' 点移动。当扫描电压由最大值迅速恢复到启动电压值时,光点从 A' 点迅速返回到 A 点。在锯齿波的扫描周期内,扫描电路不再受其间到来的触发脉冲(如图3.28 中虚线所示脉冲)的任

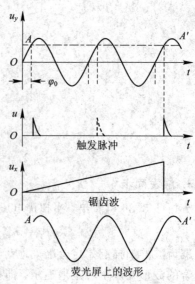

图 3.28 触发电平、触发脉冲

何影响，直至本次扫描结束。之后等到下一个触发脉冲到来时，它又重新启动扫描电路进行下一次扫描。这样每次扫描的起点会准确地落在同相位点，于是每次扫出的波形完全重合而稳定地显示在屏上。操作时调节"电平"旋钮，如果触发同步信号从仪器外部输入，则称为"外触发"；如果触发同步信号从电源变压器获得，则称为"电源同步"。面板上设有"触发源"选择键。

4. 李萨如图形测定频率的原理

在 X、Y 偏转板上分别加频率为 f_x、f_y 的两个正弦信号时，电子束将在 u_x 和 u_y 的共同作用下走出一个闭合曲线的轨迹呈现在屏上，这种图形称为李萨如图形。它的形状由两个信号的频率比和相位差而定，当两个正弦电压的频率比为简单整数比，且相位差恒定时，屏上就会显示稳定的李萨如图形(见图 3.29)。

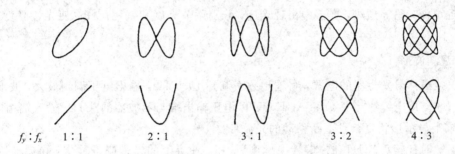

$$f_y : f_x \quad 1:1 \qquad 2:1 \qquad 3:1 \qquad 3:2 \qquad 4:3$$

图 3.29　频率比成简单整数比的李萨如图形

根据李萨如图形可以测定信号的频率，其方法是：在图形的水平方向和垂直方向分别作一条切线，水平方向的切点数为 n_x，垂直方向的切点数为 n_y，两个方向的频率比等于切点的反比，即

$$f_y : f_x = n_x : n_y \tag{3.7.2}$$

若已知其中一个频率，则可用式(3.7.2)测定另一个频率。

实际操作时不可能调到 $f_y : f_x$ 成准确的倍数，因此两个振动的周相差发生缓慢的改变，图形不可能很稳定，调到变化最缓慢即可。

【实验内容】

1. 示波器使用前的准备

把各有关控制键置于表 3.3 所列的作用位置。

表 3.3　示波器控制件名称及作用位置

控制件名称	作用位置	控制件名称	作用位置
INTENSITY 亮度	居中	输入耦合	AC
FOCUS 聚焦	居中	SWEEP MODE 扫描方式	自动
POSITION 垂直位移(三只)	居中	SLOPE 极性	╱
MODE 垂直方式	CH1	SEC/DIV	0.5 ms
VOLTS/DIV	0.1 V	TRIGGER SOURCE 触发源	CH1
微调拉×5(三只)	顺时针旋足	COUPLING 耦合方式	AC 常态

接通电源,稍等预热,屏幕中出现光迹,分别调节亮度和聚焦旋钮,使光迹亮度适中、清晰。

2. 观测波形

(1) 接通信号发生器的电源,将输出频率调到 1000 Hz,输出电压调到最大,波形选择调到正弦波,用电缆线将"VOLTAGE OUT"电压输出端与示波器的"CH1"输入端相连,则示波器屏上显示形状复杂且不断移动的光波带。

(2) 顺时针转动"CH1"的"偏转灵敏度"旋钮,使屏上的光带幅度适中,再微调"电平"同步旋钮,直到显示稳定不动的正弦波形。最后调节"扫描速率"旋钮以改变波形个数,使屏幕上显示 2~3 个周期的波形。

(3) 改变信号发生器的"波形选择",在示波器上显示其余两种电压的波形进行观测。

3. 测量交流电压

将"VOLTS/DIV"开关的微调旋钮顺时针旋足至校准位置,调节"VOLTS/DIV"开关,使波形在屏幕中的显示幅度尽可能大一些,以提高测量精度,调节"电平"旋钮使波形稳定,分别调节 Y 轴、X 轴位移,使波形显示值方便读取,并将此波形图如实记录到坐标纸上,如图 3.30 所示。根据"VOLTS/DIV"的指示值和波形在垂直方向的高度 H(大格),按下式计算交流电压的峰-峰值 U_{P-P} 和有效值 U:

$$U_{P-P} = (V/DIV) \times H \tag{3.7.3}$$

$$U = \frac{U_{P-P}}{2\sqrt{2}} \tag{3.7.4}$$

例如:若 V/DIV 挡级标称值为 2 V/格,$H = 4.6$ 格(见图 3.30),则

$$U_{P-P} = \frac{2\text{ V}}{\text{格}} \times 4.6\text{ 格} = 9.2\text{ V}$$

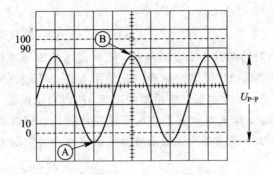

图 3.30　交流电压的测量

4. 测量直流电压

测量直流或含直流成分的电压时，先将 Y 轴耦合方式开关置"GND"，调节 Y 轴位移使扫描基线（"0"电平线）在一个合适的位置上，再将耦合开关转换到"DC"，根据波形偏移原"0"电平线的垂直距离，用上述方法计算该直流电压值。波形上移电压为"＋"，下移电压为"－"。

5. 测量交流电压的周期和频率

把"SEC/DIV"开关的微调旋钮顺时针旋足至校准位置，调节"SEC/DIV"开关，使一个周期的波形在屏幕中显示得尽可能长一些，调节"电平"旋钮使波形稳定，分别调节 Y 轴、X 轴位移，使波形显示值方便读取，将此波形图如实记录到坐标纸上。根据"SEC/DIV"开关的指示值和一个周期的波形在水平方向的长度 L（大格），按下式计算周期 T：

$$T = \frac{t}{\text{DIV}} \times L \tag{3.7.5}$$

根据周期和频率的关系，计算交流电压的频率 f：

$$f = \frac{1}{T} \tag{3.7.6}$$

将计算出的频率与信号发生器显示的标准频率值 f' 进行比较，计算百分误差 E：

$$E = \frac{f - f'}{f'} \times 100\% \tag{3.7.7}$$

6. 用李萨如图形测定交流电压的频率

将"SEC/DIV"开关逆时针旋至"X-Y"方式。两台信号发生器均输出正弦信号，分别接入示波器的"CH1"和"CH2"。调节有关旋钮使 X-Y 函数图形适中，仔细调节已知频率使图形变化缓慢，分别观测描画三种 $f_y : f_x$ 的李萨如图形，由已知频率和图形的切点数，根据 $f_y : f_x = n_x : n_y$，计算另一个信号频率。

思考与分析

示波器分为模拟示波器和数字示波器两种。随着技术的发展革新，生产科研中使用更多的是数字示波器，但是模拟示波器的原理以及使用方法也应该掌握，示波器的使用范围特别广泛，在工业、农业、医学中都有着重要的应用，所以对示波器的使用是理工科学生必备的技能。根据教学经验，学生对示波器往往不能熟练操作，所以本实验单独讲解示波器的原理及操作方法，使学生能够正确认识示波器的重要性以及引导学生熟练掌握示波器的使用。

3.8 用霍尔元件测磁场

霍尔效应在 1879 年被美国物理学家霍尔发现，当电流通过一个位于磁场中的导体时，导体中会产生一个与电流方向及磁场方向均垂直的电势差，且电势差的大小与磁感应强度的垂直分量及电流的大小成正比。在半导体中，霍尔效应更加明显。

【实验目的】

（1）了解产生霍尔效应的机理。
（2）学习用霍尔元件测量磁感应强度的基本方法。

【实验仪器】

本实验所用仪器有：HL-4 型霍尔效应仪和 TSL-4B 特斯拉计。

HL-4 型霍尔效应仪包括霍尔元件、电磁铁和三只换向开关。霍尔元件是由 N 型硅单晶制成的磁电转换元件，几何尺寸为 4 mm×2 mm×0.2 mm，其粘贴在条形线路板上，且四周焊接出四条导线，其中"1""2"为霍尔电压极，"3""4"为工作电流极。HL-5 型霍尔效应仪包括供给电磁铁的 ±1000 mA 励磁电流源、供给霍尔元件的 ±10.0 mA 工作电流源和测量霍尔电压的 0～199.9 mV 数字毫伏表。三路电路分别用三块三位半数字表显示。

【实验原理】

如图 3.31 所示，由长度为 L、宽度为 b、厚度为 d 的 N 型半导体材料做成霍尔元件，若在其 $M-N$ 两端加恒定电压，则有一恒定电流 I 沿 x 轴方向通过霍尔元件，由于 N 型半导体是电子导电的，故该电流 I 是由其平均速度为 v 的大量电子所形成的，v 的方向为沿 x 轴负方向。若自由电子的浓度为 n，则电流 I 可表示为

$$I = endbv \tag{3.8.1}$$

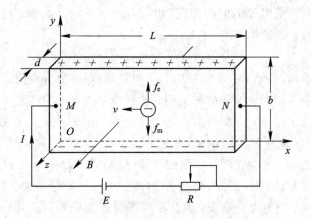

图 3.31　霍尔元件

若再沿 z 轴方向加一均匀磁场 B，则上述自由电子受到洛伦兹力 f_m 的作用，即

$$f_m = -evB \qquad (3.8.2)$$

f_m 的方向为沿 y 轴负方向。自由电子受洛伦兹力的作用偏转，向霍尔元件的下板面积聚，同时在上板面出现同数量的正电荷，这样就形成了霍尔电场 E，该电场对电子产生的静电场力为

$$f_e = eE = \frac{eU_H}{b} \qquad (3.8.3)$$

其中，U_H 为上下两表面的霍尔电压，f_m 的方向与 f_e 相反，当二者数值相等时，该电场达到稳定，于是有

$$\frac{eU_H}{b} = evB$$

利用式(3.8.1)可得

$$U_H = bvB = \frac{IB}{ned} = R_H \frac{IB}{d} \qquad (3.8.4)$$

可见式(3.8.4)中 $R_H = \dfrac{1}{ne}$，R_H 称为霍尔系数，在应用中一般将式(3.8.4)写成

$$U_H = K_H IB \qquad (3.8.5)$$

式(3.8.5)中，比例系数 K_H 称为霍尔元件灵敏度，$K_H = \dfrac{R_H}{d} = \dfrac{1}{ned}$，一般在 $10.0\ \text{V}/(\text{A} \cdot \text{T})$ 左右。K_H 愈大，霍尔效应现象愈明显。由于 K_H 与霍尔元件的载流子浓度和厚度成反比，所以霍尔元件是半导体薄片。

　　由式(3.8.5)可以看出，知道了霍尔元件的灵敏度 K_H，只要测出霍尔电流 I 和霍尔电压 U_H，就可算出磁场 B 的大小。

由于霍尔效应的建立需要的时间很短(约在 $10^{-12} \sim 10^{-14}$ s 内),因此通过霍尔元件的电流用交流电也可以。若工作电流 $I = I_0 \sin\omega t$,则

$$U_H = K_H I B = K_H B I_0 \sin\omega t \qquad (3.8.6)$$

在使用交流电的情况下,式(3.8.6)中的 I 和 U_H 应理解为有效值。

利用霍尔效应还可以判断半导体的类型。N 型半导体导电的载流子是电子,带负电;P 型半导体导电的载流子是空穴,相当于带正电的粒子。由图 3.31 可以看出,对于 N 型载流子,霍尔电压 $U_H < 0$;对于 P 型载流子,$U_H > 0$。

在实际测量过程中,还会伴随一些热磁副效应,它使所测的电压不只是 U_H,还会附加另外一些电压,分别为 U_0、U_E、U_N、U_{RL},这些附加电压给测量带来了误差。由于大多数附加电压的符号与磁场、电流方向有关,因此在测量时改变磁场方向和电流方向就可以减小和消除这些附加误差,故在 $(+B, +I)$、$(+B, -I)$、$(-B, -I)$、$(-B, +I)$ 四种条件下进行测量,将测量到的四个电压值取绝对值平均,作为 U_H 的测量结果。

【实验内容】

(1) 将霍尔元件的霍尔电压极(1、2)、工作电流极(3、4)和电磁铁的励磁电流极分别接在三只换向开关上,再用导线将霍尔效应仪的霍尔电压极、工作电流极和励磁电流极与三只换向开关对应连接。

(2) 测绘霍尔电压 U_H 和工作电流 I 的关系曲线。

调节 X、Y 标尺螺丝,将霍尔元件移至电磁铁气隙中央,各换向开关置于接通位置,调整电磁铁电流为 800 mA,霍尔元件的工作电流依次取 2 mA、3 mA、4 mA、5 mA、6 mA、7 mA、8 mA,测量出相应的霍尔电压 U_H,为了消除负效应的影响,在 $(+B, +I)$、$(+B, -I)$、$(-B, -I)$、$(-B, +I)$ 四种条件下测量。第一种情况 $(+B, +I)$ 可任意设定开关方向,但后三种情况就必须在此基础上改变开关方向。之后在坐标纸上作出 U_H-I 的关系曲线。

(3) 测定霍尔元件的灵敏度 K_H。

① 霍尔电压测量完后,将霍尔元件移开,把 TSL-4B 特斯拉计的探头立着稳放于电磁铁气隙中央,测量出励磁电流为 800 mA 时该处的磁感应强度 B_T。

② 利用 U_H-I 关系曲线,求出该直线的斜率 K,由式(3.8.5)可知 $K = K_H B$,则霍尔灵敏度为

$$K_H = \frac{K}{B}$$

(4) 测定电磁铁气隙中任一情况的 B 值。

① 将霍尔元件移至电磁铁气隙间的任一处,工作电流设为 6 mA,励磁电流设为

800 mA，测量霍尔电压的大小(要消除副效应的影响)，由式(3.8.5)计算出磁感应强度 B。

② 将霍尔元件移离该位置，用 TSL - 4B 特斯拉计测出该处的磁感应强度的标准值 B_T'。比较使用霍尔效应仪和特斯拉计测量的磁场和不确定度，写成以下标准表达式：

$$B = B \pm \sigma_B \quad (单位)$$

 思考与分析

磁场并不是产生霍尔效应的必要条件。在发现霍尔效应之后，人们又发现了电流和磁矩之间的自旋轨道耦合相互作用同样也可以导致霍尔效应。只要打破时间反演性，这种霍尔效应就会存在，称为反常霍尔效应。反常霍尔效应是材料本身的自发磁化产生的，因此是一类新的重要物理效应。反常霍尔效应与普通的霍尔效应在本质上完全不同，因为前者不存在外磁场对电子的洛伦兹力而产生的运动轨道偏转。在学习霍尔效应的同时，教师可适当讲解反常霍尔效应的原理，开阔学生的视野，使学生了解科技前沿的相关内容，培养学生的科学素养。

3.9　动态磁滞回线的测定

磁滞回线表示当磁场强度周期性变化时，强磁性物质磁滞现象的闭合磁化曲线。它表明了强磁性物质反复磁化过程中磁化强度 M 或磁感应强度 B 与磁场强度 H 之间的关系。由于 $B = \mu_0(H+M)$(μ_0 为真空磁导率)，若已知某材料的 M - H 曲线，便可求出其 B - H 曲线；反之亦然。

【实验目的】

(1) 认识铁磁物质的磁化规律，比较两种典型的铁磁材料的动态磁特性。

(2) 测定软磁材料的基本磁化曲线。

(3) 测定软磁材料的饱和磁感应强度 B_m、剩磁 B_r 和矫顽力 H_c 的数值。

【实验仪器】

本实验所用仪器有：磁滞回线实验仪，磁滞回线测试仪和示波器。

【实验原理】

1. 铁磁材料的磁滞现象

铁磁物质(铁、钴、镍和其众多合金以及含铁的氧化物均属铁磁物质)有两个特征：一是在外磁场作用下能被强烈磁化，故磁导率 μ 很高；二是磁滞，即在磁化场作用停止后，铁磁物质仍保留磁化状态。图 3.32 所示为铁磁物质的磁感应强度 B 与磁化场强度 H 之间的关系曲线。

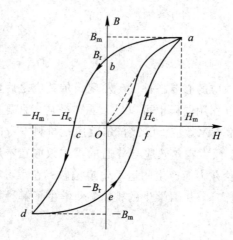

图 3.32　铁磁材料的磁滞回线

图 3.32 中的原点 O 表示磁化之前铁磁物质处于磁中性状态，当磁场 H 从零开始增加时，磁感应强度 B 随之上升，如曲线 Oa 段，这条曲线称为起始磁化曲线。当 H 增加到一定值时，B 的增加趋于缓慢，逐渐达到饱和值 B_m。此时，当磁场 H 逐渐减小至零，B 值并不沿原路返回，而是沿另一条曲线 ab 下降。由此可见，B 的变化滞后于 H 的变化，这种现象称为磁滞。磁滞的明显特征是当 $H=0$ 时，B 不为零，而保留剩磁 B_r。当磁场反向从 O 逐渐变至 $-H_c$ 时，磁感应强度 B 消失，H_c 称为矫顽力，它的大小反映了铁磁材料保持磁状态的能力，曲线 bc 称为退磁曲线。

当磁场按 $H_m \rightarrow O \rightarrow -H_m \rightarrow O \rightarrow H_m$ 顺序变化时，相应的磁感应强度 B 则沿闭合曲线 $a \rightarrow b \rightarrow c \rightarrow d \rightarrow e \rightarrow f \rightarrow a$ 变化，这个闭合曲线称为磁滞回线。如果将铁磁材料置于交变磁场中（如变压器中的铁芯），它将被反复磁化，由此得到的磁滞回线称为动态磁滞回线。在此过程中要消耗额外的能量，并以热的形式从铁磁材料中释放，这种损耗称为磁滞损耗，磁滞损耗与磁滞回线所围面积成正比。

当初始态为 $H=B=0$ 的铁磁材料，在交变磁场强度由弱到强依次进行磁化时，可以得到面积由小到大向外扩张的一簇磁滞回线，如图 3.33 所示，这些磁滞回线顶点 a_1，a_2，a_3，$\cdots$，a_n 的连线称为铁磁材料的基本磁化曲线。由此，可近似确定其磁导率为

$$\mu = \frac{B}{H} \tag{3.9.1}$$

铁磁材料的相对磁导率可高达数千乃至数万，这一特点是它用途广泛的主要原因之一。

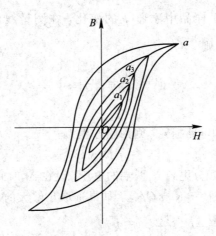

图 3.33　铁磁材料的一簇磁滞回线

　　磁化曲线和磁滞回线是铁磁材料分类和选用的主要依据。软磁材料的磁滞回线狭长，矫顽力和磁滞损耗均较小，乘磁弱是制造变压器、电机和交流磁铁的主要材料；而硬磁材料的磁滞回线较宽、矫顽力大、剩磁强，可用来制造永磁体。

2. 测量动态磁滞回线和基本磁化曲线的原理

　　动态磁滞回线测量原理如图 3.34 所示。待测样品为 E_1 型矽钢片，N 为励磁绕组，n 为用来测量磁感应强度 B 而设置的绕组。R_1 为励磁电流取样电阻，L 为样品的平均磁路。设通过 N 的交流励磁电流为 i，根据安培环路定律，样品的磁化场强 $H = Ni/L$，又因为 $i = U_1/R_1$，所以

$$H = \frac{N}{LR_1}U_1 \tag{3.9.2}$$

式中：N、L、R_1 均为已知常数，可见 U_1 与 H 成正比，可由 U_1 确定 H。

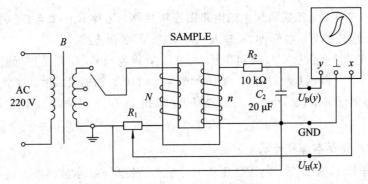

图 3.34　动态磁滞回线测量原理图

　　在交变磁场下，样品的磁感应强度瞬时值 B 是测量绕组 n 和 R_2、C_2 电路给定的，根据

法拉第电磁感应定律，由于样品中磁通 ϕ 的变化，在测量线圈中产生的感生电动势为 $\varepsilon_2 = n\dfrac{\mathrm{d}\phi}{\mathrm{d}t}$，即 $\phi = \dfrac{1}{n}\displaystyle\int \varepsilon_2\,\mathrm{d}t$，则

$$B = \frac{\phi}{S} = \frac{1}{nS}\int \varepsilon_2\,\mathrm{d}t \tag{3.9.3}$$

式中：S 为样品的截面积。

如果忽略自感电动势和电路损耗，则回路方程为

$$\varepsilon_2 = i_2 R_2 + U_2$$

式中：i_2 为感生电流，U_2 为积分电容 C_2 两端的电压。设在 Δt 时间内 i_2 向电容 C_2 的充电电量为 Q，则 $U_2 = Q/C_2$，所以 $\varepsilon_2 = i_2 R_2 + Q/C_2$。如果选取足够大的 R_2 和 C_2，使 $i_2 R_2 \gg Q/C_2$，则 $\varepsilon_2 = i_2 R_2$。又因为 $i_2 = \dfrac{\mathrm{d}Q}{\mathrm{d}t} = C_2\dfrac{\mathrm{d}U_2}{\mathrm{d}t}$，所以

$$\varepsilon_2 = C_2 R_2 \frac{\mathrm{d}U_2}{\mathrm{d}t} \tag{3.9.4}$$

由式(3.9.3)和式(3.9.4)可得

$$B = \frac{C_2 R_2}{nS}U_2 \tag{3.9.5}$$

式中：C_2、R_2、n 和 S 均为已知常数。可见 U_2 与 B 成正比，可由 U_2 确定 B。

综上所述，将图 3.34 中的 U_1 和 U_2 分别接到示波器的"X 输入"和"Y 输入"端，便可观察样品的动态 B-H 曲线。若将 U_1 和 U_2 接到测试仪的信号输入端，则可测定样品的磁滞回线、饱和磁感应强度 B_m、剩磁 B_r、矫顽力 H_c、磁导率 μ 以及磁滞损耗等参数。

【实验内容】

1. 观测动态磁滞回线

(1) 任选一个样品，按实验仪上的电路图连接线路，选择 $R_1 = 2.5\ \Omega$，将"U_H"和"U_B"（U_1 和 U_2）输出端分别与示波器的"X 输入"和"Y 输入"端相连接。

(2) 将"U 选择"旋钮从 0 V 旋到 3 V，再从 3 V 旋到 0 V，对样品进行退磁。

(3) 将"U 选择"调到 $U = 2.2$ V，调节示波器 X 轴和 Y 轴的灵敏度，显示合适的磁滞回线（若图形顶部出现编织状的小环，可通过降低励磁电压 U 予以消除），比较样品 1 和样品 2 的磁化性能。

2. 观测和测定基本磁化曲线

(1) 选择样品 1，退磁后，励磁电压从零开始逐挡提高，在示波器屏上将得到面积由小到大一个套一个的一簇磁滞回线，这些磁滞回线顶点的连线就是样品的基本磁化曲线，借助长余辉示波器观察该曲线的轨迹。

(2) 接通实验仪和测试仪之间的连线，按照测试仪的使用说明，依次将 $U = 0.5$、1.0、…、3.0 V 时的 10 组磁场强度和磁感应强度的最大值 H_m 和 B_m 值记录于表，计算相应的磁导率 μ 值，并在坐标纸上绘制基本磁化曲线（$B_m - H_m$）以及 $\mu - H$ 曲线。

(3) 测定 $U = 3.0$ V，$R_1 = 2.5$ Ω 时，样品 1 的磁滞回线参数：$B_r = $ _____、$H_c = $ _____、$[BH] = $ _____ 和 H、B 的相位差 PHR = _____ 等。

 思考与分析

磁滞回线一般可分为下面几种：

(1) 正常磁滞回线。绝大多数磁性材料所具有的回线形状与原点是对称的，或称 S 型回线。

(2) 矩形磁滞回线。矩形磁滞回线指 $B_r/B_m > 0.8$ 的磁滞回线，一般可以用热处理或胁强处理材料的方法来得到。

(3) 退化磁滞回线。若某种材料经过磁场热处理或胁强处理后在一定方向获得了矩形磁滞回线，当在其垂直方向进行磁化时，常常会得到近似直线的磁滞回线，此时 $B_r/B_s < 0.2$。

(4) 蜂腰磁滞回线。在少数磁性材料中，例如某些含钴的铁氧体和叵明伐（perminvar）合金，在中等磁场强度下的磁滞回线呈现特殊的形状，即在 B_r 附近的 B 值显著降低，形如蜂腰。

(5) 不对称磁滞回线。前面四种回线都称为对称磁滞回线。而对同时含有铁磁性和反铁磁性成分的材料（如粉末状钴表面有氧化钴层），或者在恒定磁场中经过热处理的铁氧体，其磁滞回线常常不对称。

(6) 饱和磁滞回线。当磁化场足够大，且使磁化达到饱和状态时，这样得到的正常磁滞回线即为饱和磁滞回线。通常在这一状态下定义 H_c 和 B_r 的大小。

学生在学习大学物理的电磁学部分时已对磁滞回线有了理论学习，本实验可以对理论进行补充，使学生更加形象地掌握磁化过程的原理，对于不同磁介质的磁化过程，学生应该适当了解。教师可适当引导学生利用实验测定不同材料的磁化过程。

第4章 大学物理光学实验简析

光学实验是大学物理实验中的重要组成部分。针对光的波粒二象性，有一些经典的实验可以让学生更加形象地观察此现象，有利于学生深刻掌握理论知识。而实验中常用到的读数显微镜也是学生应该掌握的基本实验仪器。迈克尔干涉实验既可以让学生了解精确的光学实验仪器，也可以让学生了解科学研究的前沿知识——引力波。同时，由于目前 LED、LCD 等先进显示技术和我们的光学实验有着紧密的联系，因此学生学习相关的光学实验，可为将来从事相关行业奠定一些理论和实践基础。

4.1 用牛顿环测平凸透镜的曲率半径

牛顿环是一种薄膜干涉现象，是明暗相间的同心圆组成的图案。例如，用一个曲率半径很大的凸透镜的凸面和一平面玻璃接触，在日光下或用白光照射时，可以看到接触点为一暗点，其周围为一些明暗相间的彩色圆环；而用单色光照射时，则表现为一些明暗相间的单色圆圈。

【实验目的】

（1）了解等厚干涉条纹的形成及特点。

（2）掌握读数显微镜的使用方法。

（3）学会用逐差法处理数据。

【实验仪器】

本实验所用仪器有：读数显微镜，牛顿环，钠光灯及光源。

【实验原理】

牛顿环装置由曲率半径较大的平凸透镜和平板玻璃组成，如图 4.1 所示。在透镜凸面和平板玻璃间形成一

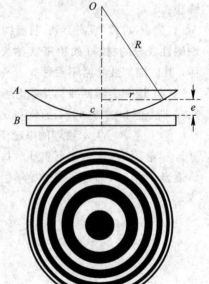

图 4.1 牛顿环装置

层空气薄膜，且空气层以接触点为中心向四周逐渐增厚，当单色光垂直入射到透镜上时，入射光将在此空气薄膜上下两表面反射，产生相干光，形成的干涉条纹是以接触点为圆心的一系列明暗相间、内疏外密的同心圆环，称为牛顿环。

设 R 为平凸透镜的曲率半径，r 为牛顿环某暗环的半径，e 为其空气薄膜的厚度，λ 为入射光的波长，则透镜下表面所反射的光 1 与玻璃平板上表面的反射光 2 发生干涉，两束相干光的光程差为

$$\Delta = 2e + \frac{\lambda}{2} \tag{4.1.1}$$

其中，$\lambda/2$ 为附加光程差。这是由于反射光 2 从光疏介质（空气）入射到光密介质（玻璃），反射时有半波损失；而反射光 1 是从光密介质（玻璃）入射到光疏介质（空气），反射时无半波损失而引起的。

由图中的几何关系可得

$$r^2 = R^2 - (R-e)^2 = 2Re - e^2 \tag{4.1.2}$$

因 $e \ll R$，所以 $e^2 \ll 2Re$，可将 e^2 从式中略去，得 $e = r^2/(2R)$，将此式代入式（4.1.1）得光程差为

$$\Delta = \frac{r^2}{R} + \frac{\lambda}{2} \tag{4.1.3}$$

根据光的干涉条件，当 $\Delta = \dfrac{r^2}{R} + \dfrac{\lambda}{2} = (2k+1)\dfrac{\lambda}{2}$ 时，干涉条纹为暗纹，于是得

$$r^2 = kR\lambda \quad (k = 0, 1, 2, 3, \cdots) \tag{4.1.4}$$

由式（4.1.4）可见，当 $k=0$ 时，$r=0$，接触点为暗纹。在已知单色光波长的情况下，只要测得暗环的半径和级数，就可算出透镜的曲率半径。但由于接触点不是一个理想的点，而是一个模糊圆斑，因此通常取两个暗环直径的平方差来计算透镜的曲率半径。

设第 m 级暗环和第 n 级暗环的直径分别为 $D_m^2 = 4mR\lambda$ 和 $D_n^2 = 4nR\lambda$，两式相减得

$$R = \frac{D_m^2 - D_n^2}{4(m-n)\lambda} \tag{4.1.5}$$

由此可计算出透镜的曲率半径 R。

【实验内容】

1. 调整测量仪器

（1）放置好仪器，开启钠光灯，使光入射到读数显微镜的 45°半反射镜上，经反射后光垂直入射到牛顿环装置上。

（2）旋转显微镜目镜，使十字叉丝像清晰。

（3）移动读数显微镜位置，调节 45°半反射镜，使显微镜目镜中的视场明亮。

（4）转动调焦手轮，先将显微镜的物镜降到靠近牛顿环装置，然后缓慢自下而上调节镜筒，直到目镜中同时看到清晰的十字叉丝像和牛顿环的像为止。

（5）转动测微鼓轮，移动显微镜镜筒，或移动牛顿环装置，使目镜中的十字叉丝和牛顿环中心大致重合。

2．观察干涉条纹的特征

观察牛顿环中心是暗斑还是亮点或是一个模糊不清的圆斑、条纹形状、条纹间距等，并对观察到的现象作出解释。

3．测牛顿环的直径

转动测微鼓轮，移动显微镜镜筒，观察十字叉丝是否有一条与镜筒移动方向垂直，而另一条与镜筒移动方向平行。若不是，旋松锁紧螺钉，适当转动目镜，使之达到上面所述状态。

转动测微鼓轮，先使显微镜镜筒向左移动，依顺序数到第25环，然后反向转到第17环，使十字叉丝与环的外侧相切，记录数据。继续转动鼓轮，使十字叉丝依次与第16环到13环、第7环到3环的外侧相切，顺次记下各环的读数。再继续转动测微鼓轮，使十字叉丝依次与圆心右方第3环到7环、第13环到17环的内侧相切，顺次记下各环的读数。

由同一级左右侧的两个读数相减算出各暗环的直径。为提高准确性，采用逐差法处理数据，根据式（4.1.5）求出凸透镜的曲率半径。

注意：① 测微鼓轮只能向一个方向移动，以避免产生回程差；② 环数不要数错。

 思考与分析

用牛顿环测量平凸透镜的曲率半径是等厚干涉的一个重要实例，这对学生理解光的干涉现象有很大帮助。通过实验，学生可深入了解读数显微镜的使用方法，也可以利用读数显微镜设计其他实验。

4.2 测量三棱镜材料的折射率

三棱镜是光学上横截面为三角形的透明体。它是由透明材料做成的截面呈三角形的光学仪器，属于色散棱镜的一种，能够使复色光在通过棱镜时发生色散。

【实验目的】

（1）学会分光计的调节和使用方法。

（2）用最小偏向角法测定三棱镜材料的折射率。

【实验仪器】

本实验所用仪器有：分光计，低压钠灯，电源和三棱镜。

【实验原理】

如图 4.2 所示，ABC 表示一块三棱镜，AB 和 AC 面经过抛光，光线沿 P 在 AB 面上入射，经过棱镜在 AC 面上沿 P' 方向出射，P 和 P' 之间的夹角 δ 称为偏向角，偏向角 δ 的大小随入射角 i_1 的改变而改变。而当 $i_1 = i_2'$ 时，δ 为最小（证明略），此时偏向角称为最小偏向角，记作 $\delta_{\min}$。

由图 4.2 中可以看出，折射角

$$i_1' = \frac{A}{2}, \quad \frac{\delta_{\min}}{2} = i_1 - i_1' = i_1 - \frac{A}{2}$$

则

$$i_1 = \frac{1}{2}(\delta_{\min} + A)$$

设棱镜材料折射率为 n，根据折射定律 $\sin i_1 = n\sin i_1'$，有

$$n = \frac{\sin i_1}{\sin i_1'} = \frac{\sin\dfrac{A + \delta_{\min}}{2}}{\sin\dfrac{A}{2}}$$

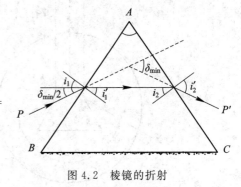

图 4.2　棱镜的折射

由此可知，只要测出顶角 A 和最小偏向角 $\delta_{\min}$，就可以求得材料的折射率 n。

【实验内容】

(1) 将分光计完全按照仪器使用说明书上所述的调整要求和方法调整好。

(2) 测量顶角（反射法）。

① 如图 4.3 所示，置三棱镜于载物台上，顶角 A 正对平行光管，且使顶角位于平台中央，以使 AB、AC 两面均能看到狭缝的反射像为准。

② 将望远镜转至 AB 面一边，使 AB 面反射的狭缝像的中心线与望远镜分化板竖线重合，记下 α_1、β_1 读数值。

③ 在固定载物台的情况下，将望远镜转至 AC 面的一边，使狭缝像的中心线与望远镜分化板竖线重合，记下 α_2、β_2 读数值。重复测量三次。

(3) 最小偏向角。

① 如图 4.4 所示放置三棱镜，用单色光（如钠灯）照射平行光管的狭缝，从平行光管发出的平行光束经过棱镜的折射而偏折一个角度。

② 转动望远镜，找到平行光管的狭缝像，慢慢转动载物台，此时从望远镜看到的狭缝

像沿某一方向移动，当转到某一位置时可以看到狭缝像，并且狭缝像开始反向移动，此时的棱镜位置就是平行光束以最小偏向角折射光的位置 Φ。

③ 精确调整，使分划板的十字线对准狭缝像中央。记下此方向上游标所指示的两个读数 α_2、β_2。

④ 取下棱镜，转动望远镜，将望远镜直接对准平行光管，使分划板十字线精确地对准狭缝中央，望远镜此时的位置为最小偏向角入射光的位置 Φ_0。记下此方向上游标所指示的两个读数 α_0、β_0。

⑤ 重复以上步骤，测量三次。

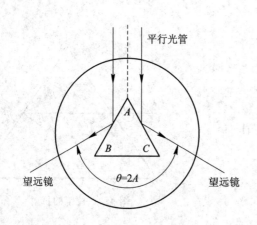

图 4.3 测量顶角光路图

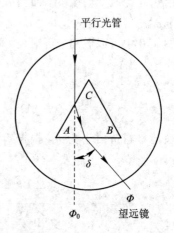

图 4.4 测最小偏向角光路图

 思考与分析

研究表明：折射率相对不确定度随三棱镜顶角的增大而减小，不同波长的光对折射率相对不确定度的影响较小，折射率的相对不确定度随角度测量不确定度的增加而变大。在使用最小偏向角法时，最小偏向角位置附近偏向角随入射角的改变变化不明显，但偏向角不明显变化的范围随三棱镜顶角的增大而减小。

4.3 光 栅 实 验

光栅是一种常见的光学元件，具有许多实际应用。比如，光栅具有分光作用，在光谱学和化学分析中常被用到，而液晶显示器中的像素通常由红、绿、蓝三种颜色的光栅组成。

【实验目的】

（1）熟练掌握分光仪的调节和使用方法。

（2）加深对光栅衍射原理的理解。

（3）学会用透射光栅测定光栅常数和光波波长。

【实验仪器】

本实验所用仪器有：JY 分光仪，透射光栅，低压汞灯及平面镜。

【实验原理】

衍射光栅是由一组数目很多且平行排列的等宽、等距的狭缝组成的（见图 4.5）。透射光栅是在光学玻璃底板上刻制而成的。当光照射在光栅面上时，被刻过的痕迹是不透明间隙，使光线散射；而光线只能在刻痕间的透明狭缝中通过。一个透明狭缝宽度 a 与一个不透明间隙宽度 b 的和 $(a+b)$ 称为光栅的光栅常数。

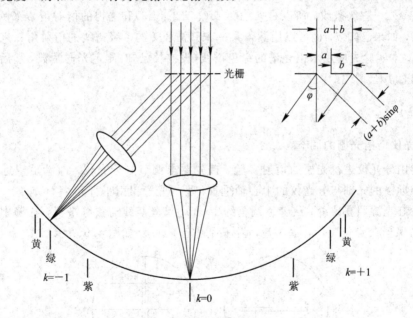

图 4.5　衍射光栅光谱示意图

如图 4.5 所示，若以平行光束垂直入射到光栅面上，并在其后用透镜聚焦，这样每一个狭缝衍射的光线在透镜的主焦面上互相叠加而发生干涉。因此，光栅的衍射现象实际上是单缝衍射和多缝干涉的总结果。

若将光栅直立于分光仪的载物台上，并使平行光管射出的单色平行光垂直投向光栅面，则二相邻狭缝中的相应光束之间的光程差与衍射角和光栅常数 $a+b$ 之间有关系式：

$$\delta=(a+b)\sin\varphi \qquad\qquad (4.3.1)$$

根据干涉加强的条件，衍射光谱中明条纹的位置由下式决定：

$$\delta=(a+b)\sin\varphi=k\lambda \quad (k=0, \pm1, \pm2, \cdots) \tag{4.3.2}$$

若令 $d=a+b$，则

$$\delta=d\sin\varphi=k\lambda \quad (k=0, \pm1, \pm2, \cdots) \tag{4.3.3}$$

式(4.3.2)、式(4.3.3)中的 k 为衍射光谱的级次。这两式表示，在透镜的焦面上适合上述 φ 角处将产生干涉加强。在分光仪上，当我们绕主轴转动望远镜到某一角度 φ，而上式成立时，则可看到明亮条纹，如图4.5所示。在 $\varphi=0$ 的方向上可以观察到中央极强的零级"谱线"，其他级数的谱线对称地分布在零级"谱线"的两侧，分别用 ±1，±2，…级表示。

如果入射光为复色光，对于不同波长的光，虽然入射角相等，但它们的衍射角除零级以外，在同一级光谱线中是不同的。因此，复色光经光栅衍射后，将按波长分开，并按波长大小顺序依次排列成一组彩色谱线，这就是光谱。

由式(4.3.3)可知，如果已知单色光波的波长 λ，则可以根据衍射的级次 k（在本实验中只观察第一、二、三级条纹，所以是 $k=0$，±1，±2，±3）和测得的衍射角 φ 来测定光栅 d 常数；反之，如果已知 d，也可以用测得某一未知波长 λ 的 k 级谱线的衍射角 φ 来测定该谱线的波长 λ。本实验先应用水银光谱的绿色谱线（设波长已知）测定光栅常数，然后用此光栅测定水银灯的其余谱线的波长。

【实验内容】

1. 分光仪衍射光栅的调节

(1) 利用分光仪进行光栅的衍射实验，首先要求调节好分光仪，即满足望远镜聚焦于无穷远；望远镜的光轴与分光仪的中心轴垂直；平行光管出射平行光。

(2) 汞灯光源照亮狭缝，狭缝宽调至约 1 mm，叉丝竖线与狭缝平行，狭缝中心点位于分划板中心叉丝交点位置，消除视差，调好后固定望远镜（如图4.6所示）。

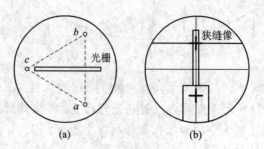

图 4.6 反射镜放置图及望远镜内显示图

2. 衍射光栅的调节

(1) 平行光管出射的平行光垂直于光栅面。

① 如图 4.6(a)所示，将光栅的反射镜置于载物平台上，即光栅面垂直于载物台调节螺钉 a、b 的连线，且光栅面的扩展面通过螺钉 c。

② 望远镜对准狭缝，平行光管和望远镜光轴保持在同一水平线上。转动载物台，目视判断使光栅面与望远镜光轴基本垂直。

③ 通过望远镜目镜观察，找到由光栅平面反射回来的反射十字像，仔细调节螺钉 a、b 使反射十字像位于叉丝上方交点位置，如图 4.6(b)所示，则光栅面与望远镜光轴垂直，同时平行光管出射的平行光与光栅面垂直。

（2）平行光管的狭缝与光栅刻痕平行。固定载物台，转动望远镜，这时从目镜中可以观察到汞灯的一系列光谱线。注意观察判断中心亮条纹左右两侧光谱线的排列方向与望远镜分划板中心叉丝水平线是否平行，若平行，则说明狭缝与光栅刻痕平行，否则可调节载物台倾斜度螺钉 c。

3. 测定光栅常数

转动望远镜，观察汞灯绿光（已知 $\lambda = 546.07$ nm）的各级衍射光谱。使望远镜对准中央零级亮条纹，叉丝竖线和零级亮线中心重合，从两个游标窗口上读得 α_0、β_0；转动望远镜，使叉丝竖线依次对准左右两边 $k = \pm 1$ 的绿色条纹，记下相应的 $\alpha_{左1}$、$\beta_{左1}$、$\alpha_{右1}$、$\beta_{右1}$，则

$$\varphi_{左1} = \frac{|\alpha_{左1} - \alpha_0| + |\beta_{左1} - \beta_0|}{2}$$

$$\varphi_{右1} = \frac{|\alpha_{右1} - \alpha_0| + |\beta_{右1} - \beta_0|}{2}$$

由此得"1"级绿条纹的 $\varphi_1 = \dfrac{\varphi_{左1} + \varphi_{右1}}{2}$，如图 4.7 所示，将 φ_1 代入式（4.3.3），求得 d_1。用同样的方法测出 φ_2、φ_3，求出 d_2、d_3，则所测光栅常数为

$$d = \frac{1}{3}(d_1 + d_2 + d_3)$$

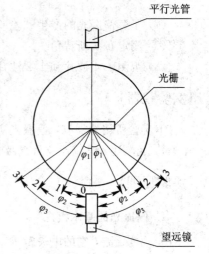

图 4.7 测量光栅常数方法示意图

4. 测定未知光波的波长

转动望远镜，让叉丝竖线依次对准零级、左右 $k = \pm 1$、± 2、± 3 的紫色亮条纹，测出相应的衍射角 $\varphi_{紫1}$、$\varphi_{紫2}$、$\varphi_{紫3}$，已知光栅常数 d，利用式（4.3.3）计算出 λ_1、λ_2、λ_3，故紫光的波长为

$$\lambda_{紫} = \frac{1}{3}(\lambda_1 + \lambda_2 + \lambda_3)$$

用同样的方法测出黄 1、黄 2 的衍射角，计算出各波长及百分偏差（$\lambda_{紫} = 435.8$ nm，$\lambda_{黄1} = 577.0$ nm，$\lambda_{黄2} = 579.1$ nm）。

思考与分析

光栅的种类很多，主要有衍射光栅、正交光栅、全息光栅以及闪耀光栅等。本实验使用的是衍射光栅。正交光栅是由相互垂直的刻痕组成的，当点状光照射正交光栅时，会得到方形点阵图案。全息光栅是利用全息照相技术制作光栅的，激光束经过光栅被分成两部分，一部分射向被摄物体，一部分射向反射镜，从物体反射回来的光与反射光发生干涉，产生干涉条纹，感光片便成了全息照片。闪耀光栅可把光栅刻成锯齿形的断面，光栅的光能量便集中在预定方向上。

4.4 偏振光的研究

光的偏振证实了光是横波。对于光偏振现象的研究，不仅使人们对光的传播（反射、折射、吸收和散射）规律有了新的认识，而且使光在计量、晶体性质研究和实验应力分析等领域有了更广泛的应用。本实验着重观察光的偏振现象，使学生加深对光的偏振规律的理解。

【实验目的】

(1) 了解偏振光的产生和检验方法。
(2) 测定布儒斯特角。
(3) 观测 1/4 波片和 1/2 波片对偏振光的作用。

【实验仪器】

本实验所用仪器有：偏振光实验仪（包括偏振片、布儒斯特角装置、1/4 波片和 1/2 波片等），光电池，电流计及氦氖激光器。

【实验原理】

1. 偏振光的基本概念

光是电磁波，它的电矢量 E 和磁矢量 H 相互垂直，且均垂直于光的传播方向 c。在这种电磁波中起光作用的主要是电场矢量，因此常以电矢量 E 代表光的振动方向。光的振动方向相对于传播方向的一种空间取向称为偏振，电矢量 E 和光的传播方向 c 所构成的平面称为振动面。

光在传播过程中，若电矢量 E 的振动始终在某一确定方向，则称为平面偏振光或线偏振光。图 4.8(a) 所示是偏振光的振动面平行于纸面（见图 4.8(a_1)）和垂直于纸面（见图 4.8(a_2)）的情形，图 4.8(b)～图 4.8(e) 是示意表示法。光源发射的光是由大量原子或分子辐射构成的。单个原子或分子辐射的光是偏振的。由于大量原子或分子的热运动和辐射的随机性，它们所发射的光的振动面出现在各个方向的概率是相同的。一般来说，在 10^{-6} s 内各个方向电矢量的时间平均值相等，故这种光源发射的光对外不显现偏振的性质，称为自然光（见图 4.8(b)）。在发光过程中，有些光的振动面在某个特定方向上出现的概率大于其他方向，即在较长时间内电矢量在某一方向上较强，这样的光称为部分偏振光（见图 4.8(c)）。还有一些光，电矢量 E 绕着传播方向均匀旋转，大小也随时间有规律地变化，其末端在垂直于传播方向的平面上的轨迹呈椭圆的光，称为椭圆偏振光（见图 4.8(d)），大小保持不变的光称为圆偏振光（见图 4.8(e)）。根据电矢量旋转方向的不同，这种偏振光有左旋光和右旋光的区别。

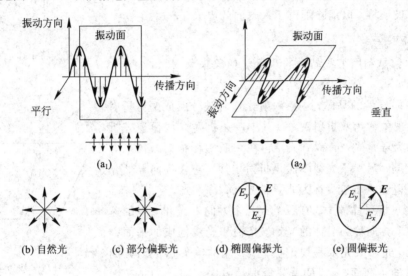

图 4.8　自然光及几种常见偏振光示意图

产生偏振光的过程称为起偏，起偏的装置称为起偏器。检验光是否是偏振光以及振动面的取向及偏振化的程度等称为检偏。实际上，起偏器和检偏器是通用的，当偏振器用于检查偏振光时，称为检偏器。各种偏振器只允许某一方向的偏振光通过，这一方向称为偏振器的偏振化方向，通俗地称为通光方向。

2. 获得线偏振光的常用方法

1）反射、折射引起的偏振

通常，自然光在两种介质的界面上反射和折射时，反射光和折射光都将成为部分偏振光。布儒斯特(D. Brewster)在 1812 年指出：反射光偏振化的程度与入射角 i 有关，当入射角达到某一特定值 i_0 且满足

$$\tan i_0 = \frac{n_2}{n_1} \tag{4.4.1}$$

时，反射光成为线偏振光，其振动方向垂直于入射面，此为布儒斯特定律（见图4.9）。式中：n_2和n_1分别是反射介质和入射介质的折射率；i_0称为起偏角，又称为布儒斯特角。

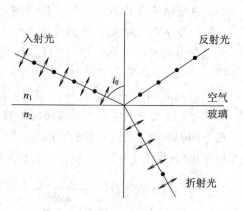

如果某单色自然光（其波长为λ）由空气射向折射率$n(\lambda)=1.54$的玻璃，$i_0=57.0°$。此时，折射光为部分偏振光，且平行于入射面的电矢量振动较强。为了获得线偏振的折射光，可使其发生多次折射，如利用玻璃堆，以消除垂直于入射面的电矢量。

2）晶体起偏

图 4.9　布儒斯特定律示意图

晶体起偏是利用某些晶体的双折射现象来获得线偏振光。

对于各向异性的晶体，一束入射光通常被分解成两束折射光线，这种现象称为双折射现象。其中一条折射光线恒遵守折射定律，称为寻常光，简称 o 光，它在介质中传播时，各个方向的速度相同；另一条光线不满足折射定律，它在各向异性介质内的速度随方向而变，称为非寻常光，简称 e 光。

在一些双折射晶体中，有一个或几个方向 o 光和 e 光的速度相同，这个方向称为晶体的光轴。光轴和光线构成的平面称为主截面。o 光和 e 光都是线偏振光。o 光的电矢量振动方向垂直于自己的主截面，e 光的电矢量振动方向在自己的主截面内，见图4.10。

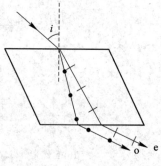

图 4.10　双折射现象

3）偏振片起偏

聚乙烯醇胶膜内部含有刷状结构的链状分子。在胶膜被拉伸时，这些链状分子被拉直并平行排列在拉伸方向上。这种胶膜具有二向色性，能吸收光振动方向与拉伸方向垂直的光而只让与拉伸方向相平行的光振动通过，用这种物质制成的波片称为偏振片。利用它可获得大面积的线偏振光，而且出射光的偏振化程度可达98%。为使用方便，在偏振片上标记"↕"，此标记表明该偏振片允许通过的光振动方向，即该偏振片的偏振化方向。

3. 偏振光的检验

按照马吕斯定律，强度为I_0的线偏振光通过检偏器后，透射光的强度为

$$I=I_0\cos^2\theta \tag{4.4.2}$$

式中：θ为入射光偏振方向与检偏器偏振轴之间的夹角。显然，当以光线传播方向为轴转动

检偏器时，透射光强度 I 将发生周期性变化。当 $\theta = 0°$ 时，透射光强度最大；当 $\theta = 90°$ 时，透射光强度最小（消光状态），接近于全暗；当 $0° < \theta < 90°$ 时，透射光强度 I 介于最大值和最小值之间。因此，根据透射光强度变化的情况，可以区别线偏振光、自然光和部分偏振光。图 4.11 所示为自然光通过起偏器和检偏器的变化。

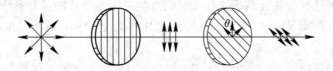

图 4.11　自然光通过起偏器和检偏器的变化

4. 线偏振光通过晶片(波片)的情形

当线偏振光垂直入射到厚度为 L、表面平行于自身光轴的单轴晶片上时，晶体内的 o 光和 e 光传播方向相同，但传播速度不同（如图 4.12 所示）。这两种偏振光通过晶片后，它们的相位差 ϕ 为

$$\phi = \frac{2\pi}{\lambda}(n_o - n_e)L \tag{4.4.3}$$

式中：λ 为入射偏振光在真空中的波长，n_o 和 n_e 分别为晶片对 o 光和 e 光的折射率。

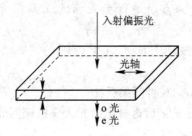

图 4.12　线偏振光垂直通过晶片的情形

我们知道，两个互相垂直、频率相同且相位差恒定的简谐振动（如通过晶片后的 o 光和 e 光的振动）可用下列方程式表示：

$$\begin{cases} x = A_e \sin\omega t \\ y = A_o \sin(\omega t + \phi) \end{cases}$$

消去式中的 t，经三角运算后得到合振动的方程式为

$$\frac{x^2}{A_e^2} + \frac{y^2}{A_o^2} - \frac{2xy}{A_e A_o}\cos\phi = \sin^2\phi \tag{4.4.4}$$

此式一般为椭圆方程，即 o 光和 e 光的合成光振动面的取向和电矢量 E 的大小随时间作有规则的变化，其电矢量 E 末端在垂直于传播方向的平面上的轨迹由式(4.4.4)来确定。

当 $\phi = k\pi$（k 为 $0，1，2，\cdots$，以下的 k 意义相同）时，式(4.4.4)变为直线方程，表示合

振动是线偏振光；当 $\phi=(2k+1)\pi/2$ 时，式(4.4.4)变为正椭圆方程，表示合振动是正椭圆偏振光（当 $A_o = A_e$ 时，合振动为圆偏振光）；当 ϕ 不等于以上各值时，合振动为不同长短轴的椭圆偏振光。

由此可知，o 光和 e 光经晶片射出后的合振动随其相位差 ϕ 的不同有不同的偏振状态。在偏振技术中，将这种能使互相垂直的光振动产生一定相位差的晶片称作波片。

(1) 当晶片厚度满足 $\phi=2k\pi$ 时，这样的晶片称为全波片。平面偏振光通过全波片后，其偏振状态不变。

(2) 当晶片厚度满足 $\phi=(2k+1)\pi$ 时，相当于 o 光和 e 光的光程差为 $\lambda/2$ 的奇数倍，这样的晶片称为 $\lambda/2$ 波片。与晶片光轴成 θ 角的平面偏振光通过 $\lambda/2$ 波片后，仍为线偏振光，但其振动面转动了 2θ 角。

(3) 当晶片厚度满足 $\phi=(2k+1)\pi/2$ 时，相当于 o 光和 e 光的光程差为 $\lambda/4$ 的奇数倍，这样的晶片称为四分之一波片（$\lambda/4$ 波片）。当振幅为 A 的线偏振光垂直射到 $\lambda/4$ 波片，且振动方向与波片光轴成 θ 角时（见图 4.13），由于 o 光和 e 光的振幅分别为 $A\sin\theta$ 和 $A\cos\theta$，所以通过 $\lambda/4$ 波片后合成光的偏振状态也将随 θ 角的变化而不同：

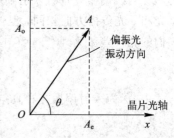

图 4.13 偏振光通过波片后的
分解情况

① 当 $\theta=0°$ 时，获得振动方向平行于光轴的线偏振光（e 光）；

② 当 $\theta=\pi/2$ 时，获得振动方向垂直于光轴的线偏振光（o 光）；

③ 当 $\theta=\pi/4$ 时，$A_o = A_e$，获得圆偏振光；

④ 当 θ 为其他值时，经过 $\pi/4$ 后透射出的光为椭圆偏振光。

5. 椭圆偏振光的测量

椭圆偏振光的测量包括长短轴之比及长短轴方位的测定。当检偏器方位与椭圆长轴的夹角为 θ（见图 4.14）时，透射光强度为

$$I=A_1^2 \cos^2\phi+A_2^2 \sin^2\phi \qquad (4.4.5)$$

当 $\phi=k\pi$ 时，有

$$I=I_{max}=A_1^2$$

当 $\phi=(2k+1)\pi/2$ 时，有

$$I=I_{min}=A_2^2$$

则椭圆长短轴之比为

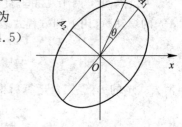

图 4.14 椭圆偏振光的测量

$$\frac{A_1}{A_2}=\sqrt{\frac{I_{max}}{I_{min}}}$$

椭圆长短轴的方位即为 $I_{\max}$ 的方位。

【实验内容】

1. 起偏与检偏及鉴别自然光与偏振光

（1）在激光光源至光屏的光路上插入起偏器 P_1，旋转 P_1，观察光屏上透射光强度的变化。

（2）在起偏器 P_1 至光屏间插入检偏器 P_2，固定 P_1 的方位，将 P_2 旋转 $360°$，观察光屏上透射光强度的变化，以及有几个消光方位。

（3）以硅光电池代替光屏接收 P_2 出射的光束。旋转 P_2，每转过 $10°$ 记录一次相应的光电流值，共转 $180°$，在坐标纸上作出 I-$\cos^2\theta$ 的关系曲线。

2. 测定布儒斯特角

（1）先在起偏器 P_1 后放入布儒斯特角装置，再在 P_1 和装置之间插入小孔光阑，转动玻璃板使反射光束与入射光束重合于小孔，记下初始角 Φ_1。

（2）一边缓慢转动玻璃板，一边旋转起偏器 P_1，观察光屏上反射光斑的变化，当反射光消失时，记下玻璃板的角度 Φ_2。重复三次，算出 $i_0 = \Phi_2 - \Phi_1$，即为布儒斯特角。

（3）确定起偏器的偏振化方向。

3. 观察线偏振光通过 $\lambda/2$ 波片时的现象

（1）将平行激光束垂直照射于偏振化方向相互正交的偏振片 P_1、P_2（P_2 后的光屏上处于消光状态）上，在 P_1、P_2 间插入 $\lambda/2$ 波片 A，观察并描述插入 $\lambda/2$ 波片前后透过 P_2 的光强度的变化。

（2）转动 P_2 使光屏处于消光状态，然后将 A 依次转过 $30°$、$45°$、$60°$、$75°$、$90°$，每转一个角度时都将同方向转动检偏器 P_2，分别记录光屏处于消光状态时 P_2 转过的相应角度。

4. 观察椭圆偏振光和圆偏振光

（1）将平行激光束垂直照射于偏振化方向相互正交的偏振片 P_1、P_2（P_2 后的光屏上处于消光状态）上，在 P_1、P_2 间插入 $\lambda/4$ 波片 C，观察并描述插入 $\lambda/4$ 波片前后透过 P_2 的光强度的变化。

（2）保持 P_1、P_2 的偏振化方向正交，转动其间的 $\lambda/4$ 波片 C，使 C 的光轴与 P_1（或 P_2）偏振轴的交角从 $0°$ 转至 $360°$，观察并描述透过 P_2 的光强度的变化。

（3）在上一步骤中，再以使正交偏振片处于消光状态时 $\lambda/4$ 波片的光轴位置作为 $0°$ 线，转动 $\lambda/4$ 波片，使其光轴与 $0°$ 线的夹角依次为 $30°$、$45°$、$60°$、$75°$、$90°$ 等值，每取一个角度时都将检偏器 P_2 转动一周，观察并描述从 P_2 透出的光强度的变化。

思考与分析

偏振光的原理已经广泛应用于我们的生产生活中,下面举例说明偏振光的应用,通过这些案例可以启发学生利用偏振光实现创新实践。汽车夜间在公路上行驶,当其与对面的车辆相遇时,为了避免双方车灯的眩目,司机都关闭大灯,只开小灯,放慢车速,以免发生车祸。如驾驶室的前窗玻璃和车灯的玻璃罩都装有偏振片,而且规定它们的偏振化方向都沿同一方向并与水平面成 45°,那么,司机从前窗只能看到自己车灯发出的光,而看不到对面车灯的光,这样的话,汽车在夜间行驶时,既不用熄灯,也不用减速,可以保证安全行车。LCD 技术是把液晶灌入两个列有细槽的平面之间,这两个平面上的槽互相垂直(相交成 90°)。也就是说,若一个平面上的分子南北向排列,则另一个平面上的分子东西向排列,而位于两个平面之间的分子被强迫进入一种 90° 扭转的状态。因为光线顺着分子的排列方向传播,所以光线经过液晶时也被扭转 90°。但当液晶上加一个电压时,分子便会重新垂直排列,使光线能直射出去,而不发生任何扭转。LCD 需依赖极化滤光器(片)和光线本身。自然光线是朝四面八方随机发散的。极化滤光器实际是一系列越来越细的平行线,这些线形成的网阻断了不与这些线平行的所有光线。极化滤光器的线正好与第一个平面内的槽垂直,所以能完全阻断那些已经极化的光线。只有两个极化滤光器的线完全平行,或者光线本身已扭转到与第二个极化滤光器相匹配,光线才得以穿透。

LCD 正是由这样两个相互垂直的极化滤光器构成的,所以在正常情况下应该阻断所有试图穿透的光线。但是,由于两个极化滤光器之间充满了扭曲液晶,因此在光线穿出第一个极化滤光器后,会被液晶分子扭转 90°,最后从第二个极化滤光器中穿出。另一方面,若为液晶加一个电压,分子又会重新排列并完全平行,使光线不再扭转,所以正好被第二个极化滤光器挡住。总之,不加电则使光线射出,加电则使光线阻断。

4.5 迈克尔逊干涉实验

迈克尔逊干涉仪是一种在近代物理和近代计量技术中有着重要影响的光学仪器。迈克尔逊(Michelson)和他的合作者曾经利用这种干涉仪完成了著名的迈克尔逊-莫雷"以太漂移"实验;进行了光谱线精细结构的研究和用光的波长标定标准米尺等重要工作,为物理学的发展作出了重大贡献。近几十年来,特别是有了激光光源后,光的单色性得到了很大提高,迈克尔逊干涉仪的原理得到了更广泛的应用,例如,用激光作长度和微小长度的精确测量、精确定位等。我国制造的激光测长仪在 1 m 长度上的测量误差不超过 0.5 μm。

【实验目的】

(1) 了解迈克尔逊干涉仪的结构及调节方法。

（2）了解非定域干涉、等倾干涉及等厚干涉条纹的形成条件，并观察它们的干涉现象。

（3）测量 He-Ne 激光波长。

【实验仪器】

本实验所用仪器有：迈克尔逊干涉仪，多束光纤激光源。

1. 迈克尔逊干涉仪

迈克尔逊干涉仪是一种分振幅双光束干涉仪，其光路见图 4.15。从 S 发出的一束光射到分光板 G_1 上，被 G_1 后表面所镀的半反射膜（一般镀金属银，近年也有镀铝或镀多层介质膜）分成两束光强近似相等的光束，即反射光 I 和透射光 II。G_1 与平面镜 M_1 和 M_2 的夹角均成 45°，所以当反射光 I 垂直入射到平面镜 M_1 后，经反射又沿原路返回，透过 G_1 向光屏 E 传播；透射光 II 在透过补偿板 G_2 后，近于垂直地入射到平面镜 M_2 上，经反射又沿原路返回，在 G_1 后表面反射，与光束 I 相遇而发生干涉。

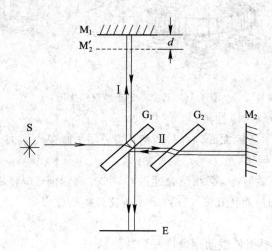

图 4.15　迈克尔逊干涉仪原理光路图

补偿板 G_2 是一块材料、厚度均与 G_1 相同且与 G_1 平行放置的光学平板玻璃。它的作用是使光束 II 在玻璃中的光程与光束 I 相同。

迈克尔逊干涉仪的结构见图 4.16，平面镜 M_1 和 M_2 镜面的左右及俯仰角度可以通过它们背面的调节螺丝 5、8 调节，M_2 更精细的调节由它下端的一对方向互相垂直的拉簧螺丝 11、15 来实现。M_2 是固定不动的。M_1 可在精密导轨 2 上移动以改变两光束之间的光程差，它的位置可以由导轨一侧的毫米尺、读数窗口 12 及微调鼓轮 14 这三处所示数值之和表示。粗调手轮 13 共分 100 个小格，每旋转一周，M_1 移动 1 mm，故它的每一小格为 1/100 mm。微调鼓轮共分 100 个小格，每旋转一周，M_1 移动 1/100 mm，故它的每一小格为 1/10 000 mm。

读数时还要在 1/10 000 mm 格中估读一位,因此,测量时若以 mm 为单位,应读出小数点后五位值。

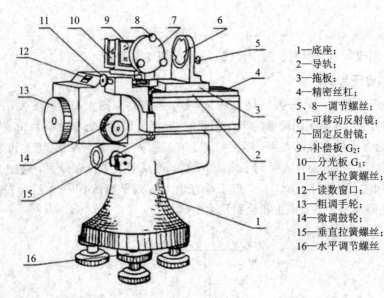

1—底座;
2—导轨;
3—拖板;
4—精密丝杠;
5、8—调节螺丝;
6—可移动反射镜;
7—固定反射镜;
9—补偿板 G_2;
10—分光板 G_1;
11—水平拉簧螺丝;
12—读数窗口;
13—粗调手轮;
14—微调鼓轮;
15—垂直拉簧螺丝;
16—水平调节螺丝

图 4.16 迈克尔逊干涉仪结构图

使用迈克尔逊干涉仪时应注意:

(1) 该仪器很精密,各镜面必须保持清洁,切忌用手触摸光学面;精密丝杠和导轨的精度也很高,操作时要轻调慢拧。

(2) 为了使测量结果正确,必须消除螺距差,即在测量前,应将粗调手轮和微调鼓轮按某一方向(如顺时针方向)旋转几圈,直到干涉条纹开始变化以后,才可开始读数测量(测量时仍按原方向转动)。

(3) 实验结束后,要把各微动螺丝恢复到放松状态。

2. 多束光纤激光源

HNL - 55700 多束光纤激光源采用的是 550 mm 中功率激光管和高传输性光纤,并通过精密光学分束机构将其分至七束光纤,每束光纤长 4 m,与一台迈克尔逊干涉仪配合使用。使用时将光纤输出端安装在干涉仪左端的托架上,调节托架,使激光束射于分光板中央。光纤发出的光是球面波,所以无须在光源与干涉仪之间放置凸透镜。

使用该仪器时应注意:

① He - Ne 激光束系高亮度、高能量光束,勿用裸眼直接对准强光,以免损伤眼睛。

② 光纤为传光介质,可弯曲,但切不可折、压。

③ 为保护激光源和激光管,激光源连续点燃时间勿超过 3 h。

【实验原理】

图 4.15 中的 M_2' 是 M_2 经 G_1 背面的半反射膜反射所成的虚像,观察者从 E 处看来,光束 Ⅱ 好像从平面 M_2' 射来。因此干涉仪所产生的干涉条纹就如同平面 M_1 与 M_2' 之间的空气薄膜所产生的干涉条纹一样。下面讨论的各种干涉条纹的形成都是这样考虑的。

1. 点光源产生的非定域干涉条纹

激光束经短焦距凸透镜汇聚后可得点光源 S,S 发出球面波。如图 4.17 所示,由于 G_1 半反射膜的成像作用,对 M_1 来说,S 如处于 S' 位置一样,即 $SG_1 = S'G_1$(物距等于像距)。而对于 E 处的观察者,由于 M_1 镜面的反射,S' 如处于 S_1 位置一样,即 $S'M_1 = S_1M_1$。又由于 G_1 半反射膜的反射,M_2 如处于 M_2' 位置一样,同样对于 E 处的观察者,点光源 S 如处于 S_2' 位置。E 处的观察者所看到的干涉条纹,犹如是虚光源 S_1 和 S_2' 发出的两列球面波,在它们相遇的空间处处相干,因此在这个光场中任何地方放置毛玻璃屏都能观察到干涉条纹。这种干涉称为非定域干涉。

随着 S_1、S_2' 与毛玻璃屏的相对位置不同,干涉条纹的形状也不同。当毛玻璃屏与 S_1S_2' 的连线垂直(M_1 与 M_2' 大体平行)时(见图 4.18),得到明暗相间的圆条纹,圆心在 S_1S_2' 连线与毛玻璃屏的交点 O 处;当毛玻璃屏与 S_1S_2' 连线的垂直平分线垂直(M_1、M_2 与 E 的距离大体相等,且它们之间有一个小夹角)时,将得到直线条纹。其他情况下得到的是椭圆、双曲线干涉条纹。

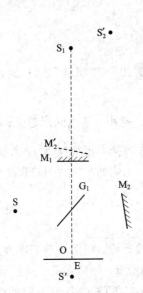

图 4.17　光源及反射镜放置图

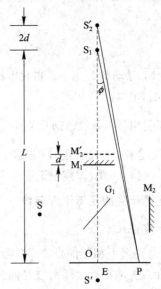

图 4.18　光路图

下面分析非定域干涉圆条纹的特性。

从 S_1、S_2' 到接收屏上任一点 P 的光程差为

$$\delta = \sqrt{(L+2d)^2 + R^2} - \sqrt{L^2 + R^2}$$

当 $L \gg d$ 时，展开上式并略去 d^2/L^2，则有

$$\delta = \frac{2Ld}{\sqrt{L^2 + R^2}} = 2d\cos\varphi$$

式中：φ 是圆形干涉条纹的倾角，所以亮纹产生的条件为

$$2d\cos\varphi = k\lambda \quad (k = 0, 1, 2, \cdots) \tag{4.5.1}$$

由上式可见，点光源非定域等倾干涉圆条纹的特点如下：

① 具有相同入射倾角 φ 的所有光线的光程差相同，所以干涉情况也完全相同，对应于同一级次，形成以光轴为圆心的同心圆环。

② 当 $\varphi = 0$ 时，干涉圆环就在圆心处，光程差 δ 最大，式(4.5.1)变为

$$2d = k\lambda \tag{4.5.2}$$

k 也为最高级次。

③ 当移动 M_1 使 d 增加时，为保持 $2d = k\lambda$，圆心处的干涉级别愈来愈高，就可看到圆条纹从中心一个一个地"冒出"；反之，当 d 减小时，条纹就从中心一个一个地"缩进"。每"冒出"或"缩进"一个亮圆环，就相当于 S_1、S_2' 的距离改变了一个波长 λ，即 d 改变了 $\lambda/2$。若 M_1 移动了距离 Δd，所引起干涉条纹从中心"冒出"或"缩进"的数目为 Δk，则有

$$2\Delta d = \Delta k\lambda$$

$$\lambda = \frac{2\Delta d}{\Delta k} \tag{4.5.3}$$

所以测出 M_1 移动的距离 Δd 和数出相应的条纹"冒出"或"缩进"数目 Δk，就可以由式(4.5.3)计算出波长 λ。

④ 可以证明相邻两条纹角间距 $\Delta\varphi = \dfrac{\lambda}{2d\sin\varphi}$，所以 d 越小，条纹间距越大；d 越大，条纹间距越小，条纹越密；当 d 一定时，φ 越小，$\Delta\varphi$ 越大，在离圆心远处（φ 大），条纹间距变小。

⑤ 当 $d = 0$ 时，$k = 0$，即整个干涉场内无干涉条纹，见到的是一片明暗程度相同的视场。

2. 扩展光源产生的定域干涉条纹

1) 等倾干涉条纹

普通光源是许多不相干的点光源的组合体，称为面光源。把两块毛玻璃叠放（或仪器带的小塑料罩）在点光源前，使球面波经漫反射变成扩展光源，即面光源。用扩展光源照明并以光源中心到 M_2 的垂线为轴来确定入射倾角，则射向 M_2 的光线具有不同的倾角。现考察同一倾角 φ 的光线发生的干涉情况：如果 M_1、M_2' 相平行（见图 4.19），那么入射倾角为 φ

的光线经 M_1、M_2' 反射成为相互平行的 I、II 两支。I、II 两支的光程差 δ 计算如下：过 B 作 BD 垂直于光束 I，则

$$\delta = AC + BC - AD = \frac{2d}{\cos\varphi} - 2d \cdot \tan\varphi \cdot \sin\varphi = 2d\left(\frac{1}{\cos\varphi} - \frac{\sin^2\varphi}{\cos\varphi}\right) = 2d\cos\varphi$$

由此可见，光程差只取决于入射角。若用凸透镜 L 将光束聚焦，则入射角相同的光线在透镜 L 的焦平面上发生干涉，干涉条纹为圆环形。考虑其他倾角的光所形成的干涉，干涉图样是一组明暗相间的同心圆，每一个圆各自对应一恒定的倾角 φ，故称为等倾干涉。等倾干涉定域于无穷远，需要通过凸透镜在其焦平面上才能接收到干涉条纹。直接用眼睛（聚焦到无穷远）也可以观察到此条纹。

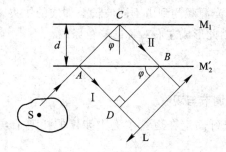

图 4.19　等倾干涉

2) 等厚干涉条纹

当 M_1 与 M_2' 有一很小的角度 α（见图 4.20），且 M_1、M_2' 所形成的空气楔很薄时，用扩展光源照明就出现等厚干涉条纹。等厚干涉条纹定域在 M_1 镜附近，若用眼睛观测，应将眼睛聚焦在此。

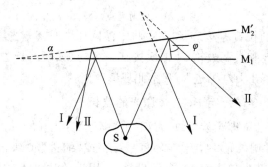

图 4.20　等厚干涉

由于 M_1 与 M_2' 交角 α 很小，经过镜 M_1、M_2' 反射的两光束，其光程差仍可近似地表示为 $\delta = 2d\cos\varphi$。在镜 M_1、M_2' 相交处，由于 $d = 0$，光程差为零，应观察到直线亮条纹，但由于

光束 I 和 II 是分别在分光板 G_1 背面镀膜的内、外侧反射的，相位突变的情况不同，会有附加光程差，故 M_1 和 M_2' 相交处的干涉条纹（中央条纹）就不一定是亮的。

由于 φ 是有限的（取决于反射镜对眼睛的张角，一般比较小），则 $\delta = 2d\cos\varphi \approx 2d(1-\varphi^2/2)$。在交棱附近，$\delta$ 中的第二项 $d\varphi^2$ 可以忽略，光程差主要取决于厚度 d，所以在空气楔上厚度相同的地方光程差相同，干涉条纹是平行于两镜交棱的等间隔的直线条纹。在远离交棱处 $d\varphi^2$ 项（与波长大小可比）的作用不能忽视，而同一干涉条纹上光程差相等，为使 $\delta = 2d(1-\varphi^2/2) = k\lambda$，必须用增大 d 来补偿由 φ 的增大而引起的光程差的减小，所以干涉条纹在 φ 逐渐增大的地方要向 d 增大的方向移动，使得干涉条纹逐渐变成弧形，弯曲方向凸向中央条纹。

在 $d=0$ 处，可用白光光源观测到由不同波长叠加成的中央暗条纹；在其两侧，由于不同波长的条纹不再重合，因此形成左右对称的彩色条纹。

【实验内容】

1. 非定域干涉条纹的调节与观察

（1）点燃激光器，将光纤固定在迈克尔逊干涉仪的托架上，调整托架，使激光均匀照亮 G_1。

（2）取下光屏，眼睛平视 G_1 中的光点，仔细调节 M_1、M_2 镜背后的螺丝，使两排光点中最亮的两个光点（它们分别是 M_1、M_2 镜反射形成的主光点）严格重合（见图 4.21），然后装上光屏，即可观察到干涉圆条纹。

图 4.21 反射光点示意图

（3）微调 M_2 下方的拉簧螺丝 11 和 15，将干涉圆环中心调至光屏中央。

（4）将粗调手轮 13 和微调鼓轮 14 依次按某一方向（如顺时针方向）旋转几圈，直到干涉条纹开始变化，即"冒出"或"缩进"，观察此现象。

2. 利用非定域干涉条纹测定 He-Ne 激光的波长

在上一步骤的基础上，即干涉条纹"冒出"或"缩进"变化开始后，记下 M_1 的位置 d_0，然后继续向同方向转动微调鼓轮 14，干涉环每"冒出"或"缩进"50 级记录一次 M_1 的位置 d_i，直到记录至 450 条。将数据填入表格（自己设计），用逐差法处理数据，按式（4.5.3）计算 He-Ne 激光的波长。

3. 定域条纹的调节与观察

（1）等倾条纹的调节与观察。将毛玻璃放在光纤与 G_1 之间，使球面波经漫反射变为扩展光源，用眼睛(聚焦到无穷远)直接观察等倾圆条纹。进一步调节 M_2 的微动螺丝，使眼睛移动时条纹不"冒出"也不"缩进"，仅仅是圆心随眼睛移动，这时看到的即为等倾条纹(为什么？)。

(2) 等厚和白光干涉条纹的调节与观察。接着上一步骤的操作，移动 M_1，在 M_1、M_2' 大致重合的位置，即圆条纹粗而疏时，调节 M_2 的微动螺丝，使 M_1、M_2' 间有一很小的夹角，转动粗调手轮 13，使弯曲条纹往圆心方向移动，在视场中将出现直线干涉条纹。M_1、M_2' 的夹角不可太大，否则条纹太密，难以观察。可将条纹间距调至 $2\sim3\ \mathrm{mm}$，同时观察干涉条纹从弯曲变直再变弯曲的现象。

在干涉条纹变直的附近，再加上白光光源(激光仍存在，以利于调节过程观察变化情况)，用微调手轮 14 缓慢地沿原方向移动 M_1，直到视场中出现彩色条纹(白光干涉条纹)为止。花纹的中心就是 M_1、M_2' 的交线。由于白光干涉长度极小，条纹很少，因此移动 M_1 时需缓慢，否则就会一晃而过。

思考与分析

迈克尔逊干涉实验是大学物理实验中一个重要的实验。迈克尔逊干涉仪是大学物理实验中学生所见到的精度最高的测量仪器，精度达到了 $0.000\ 01\ \mathrm{mm}$，学生可以利用迈克尔逊干涉仪测量物体的微小形变；同时，迈克尔逊干涉仪也可以测量引力波(英国格拉斯哥大学的实验物理学家 Ronald Drever 建造的迈克尔逊干涉仪试图用来探测引力波)。学生在使用迈克尔逊干涉仪的同时也掌握了一种测量微小形变的方法。

4.6　光电效应法测定普朗克常数

1905 年，爱因斯坦把普朗克关于黑体辐射能量量子化的观点应用于光辐射，提出了"光子"概念，从而成功地解释了光电效应，建立了有名的爱因斯坦方程。约十年后，密立根以精确的光电效应实验证明了爱因斯坦的光电效应方程，并测定了普朗克常数，推动了量子理论的发展。爱因斯坦和普朗克都因光电效应等方面的杰出贡献，分别于 1921 年和 1923 年获得诺贝尔物理学奖。

【实验目的】

(1) 加深对光电效应和光的量子性的了解。
(2) 用光电效应法测定普朗克常数。

【实验仪器】

本实验所用仪器有：GD-Ⅲ型光电效应实验仪，其主要部件如下：

（1）光电管（带暗盒）。采用 GD-27 型光电管，阳极为镍圈，阴极为银氧钾，光谱响应范围为 340.0～700.0 nm，暗电流约为 10^{-12} A。为了避免杂散光和外界电磁场对微弱光电流的干扰，光电管安装在铝质暗盒中。暗盒窗口安放可变光阑和五种滤色片，转动手柄选取。

（2）光源。光源采用 GGQ-50W Hg 仪器用高压汞灯，其光谱范围为 303.2～872.0 nm，较强的谱线为 365.0 nm、404.7 nm、435.8 nm、491.6 nm、546.1 nm、577.0 nm、579.9 nm。

（3）干涉滤色片。材料为有色玻璃，它能使光源中某种谱线的光透过，而不允许其附近的谱线通过，因而可获得所需的单色光。本仪器的五种滤色片透过谱线分别为 365.0 nm、404.7 nm、435.8 nm、546.1 nm、577.0 nm。

（4）微电流放大器（包括光电管工作电源）。电流测量范围为 $10^{-6}\sim10^{-13}$ A，十进变换，微电流测量用 $3\frac{1}{2}$ 位直流数字电流表；光电管工作电压为 0～±3 V，连续可调，电压测量用 $3\frac{1}{2}$ 位直流数字电压表。

【实验原理】

1. 光电效应

1887 年，H. 赫兹在验证电磁波存在时意外地发现：当光照射到金属表面时，会有电子从金属表面逸出。这种现象被称为光电效应。

密立根设计的光电效应实验原理如图 4.22 所示，DG 为光电管，K 为光电管阴极，A 为光电管阳极，G 为微电流计，V 为电压表，R 为滑线变阻器。调节 R 可使 A、K 之间获得从 $-U$ 到 $+U$ 连续变化的电压。当光照射光电管阴极时，阴极释放出的电子在电场的作用下向阳极迁移，并在回路中形成电流。

光电效应具有以下实验规律：

（1）饱和电流。光强一定时，随着光电管两端电压的增大，光电流趋于一个饱和值 I_M，对不同的光强，饱和电流 I_M 与光强成正比（见图 4.23）。

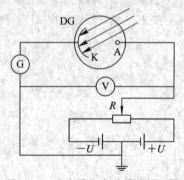
图 4.22　光电效应实验线路原理图

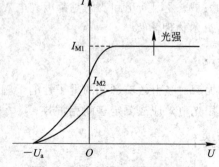
图 4.23　光电管的伏安特性曲线

（2）截止电压。当光电管两端加反向电压时，光电流迅速减小，但不立即为零，直至反向电压达到 $-U_a$ 时，光电流为零，U_a 称为截止电压。此时具有最大初动能的光电子被反向电场所阻挡，即能克服反向电场力做功抵达阳极 A 的电子数为零。由功能原理知

$$eU_a = \frac{1}{2}mv_{\max}^2 \tag{4.6.1}$$

实验表明，光电子的最大初动能与入射光强无关，只与入射光的频率有关。

（3）截止频率。改变入射光频率 ν 时，截止电压 U_a 随之改变，U_a 与 ν 呈线性关系（如图 4.24 所示）。当入射光频率 ν 减小到低于 ν_a 时，无论光多么强，光电效应都不再发生。ν_a 称为截止频率。对于不同金属的阴极，ν_a 的值不同，但这些直线的斜率都相同。

（4）光电效应是瞬时效应。照射到光电管阴极上的光无论多么弱，都会立即产生光电子，延迟时间最多不超过 $10^{-9}\,\mathrm{s}$。

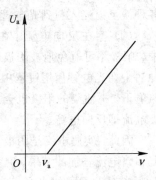

图 4.24　截止电压 U_a 与入射光频率的关系曲线

2. 爱因斯坦方程

上述实验规律是光的波动理论无法解释的，爱因斯坦光量子假说成功地解释了这些规律。他假设光束是由能量为 $h\nu$ 的粒子（称为光子）组成的，其中 h 为普朗克常数，当光束照射金属时是以光粒子的形式射在表面的，金属中的电子要么不吸收能量，要么就吸收一个光子的全部能量 $h\nu$。只有当这个能量大于电子摆脱金属表面约束所需要的逸出功 W 时，电子才会以一定的初速度逸出金属表面。根据能量守恒有

$$h\nu = \frac{1}{2}mv_{\max}^2 + W \tag{4.6.2}$$

式（4.6.2）称为爱因斯坦光电效应方程。

对于给定的金属材料，W 是一个定值，具有截止频率 ν_a 的光子恰恰具有逸出功 W，而没有多余的动能，则

$$W = h\nu_a \tag{4.6.3}$$

将式（4.6.1）和式（4.6.3）代入式（4.6.2）中，爱因斯坦光电效应方程可改写为

$$h\nu = eU_a + h\nu_a$$

则

$$U_a = \frac{h}{e}(\nu - \nu_a) \tag{4.6.4}$$

式（4.6.4）表明了 U_a 与 ν 呈直线关系，由直线斜率 k 可求出普朗克常数 h，即 $h = ke$，由截距可求出截止频率 ν_a。这正是密立根验证爱因斯坦光电效应方程的实验思想。

3. 截止电压的确定

实验测量的电流特性曲线如图 4.25 所示，它要比图 4.23 复杂，原因如下：

（1）存在暗电流和本底电流。在完全没有光照射光电管的情形下，由阴极本身的热电子发射等所产生的电流称为暗电流。本底电流则是外界各种漫反射光入射到光电管上所致。

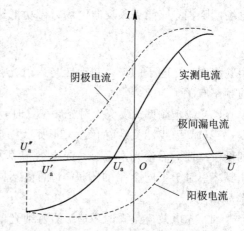

（2）存在反向电流。在制造光电管的过程中，阳极不可避免地被阴极材料所沾染，而且这种沾染在光电管使用过程中会日趋严重。在光的照射下，被沾染的阳极也会发射光电子，形成阳极电流即反向电流。

图 4.25　实测电流特性曲线

因此，实测电流是阴极光电流、阳极反向电流和暗电流叠加的结果。究竟如何确定截止电压 U_a 呢？对于不同的光电管，应根据电流特性曲线采用不同的方法：如光电流特性的正向电流上升很快，反向电流很小，则可用光电流特性曲线与暗电流曲线交点的电压 U_a' 近似当作 U_a （交点法）；若特性曲线的反向电流虽然较大，但其饱和得很快，则可用反向电流开始饱和时的拐点电压 U_a'' 近似当作 U_a （拐点法）。本实验采用后者。

【实验内容】

1. 预热

暂不连线，将微电流放大器的"电流调节"旋钮置"短路"挡，"电压调节"旋钮反时针旋到底，打开电源开关，预热 20 min。在光窗上装入 $\Phi5$ mm 的光阑（将此光阑旋转到暗盒的指针处），打开汞灯电源开关，预热汞灯。

2. 调零、校准

先将微电流放大器的功能键拨向"调零 校准"位，"电流调节"旋钮置"短路"挡，调节调零旋钮使电流表显示零；再将"电流调节"旋钮置"校准"挡，调节"校准"旋钮使电流表显示100（"调零"和"校准"反复调整，使之都能满足要求）；最后，将功能键拨向"测量"位，电压量程选择键按入。

3. 粗测截止电压 U_a

将暗盒的"K"端（光电管阴极）用屏蔽电缆与微电流放大器的"电流输入"端相连，"A"端（光电管阳极）和"地"端用电源线与微电流放大器的"电压输出"端相连。暗盒离开汞灯

30～50 cm，换上波长为 404.7 nm 的滤光片(将此滤光片旋转到暗盒的指针处)，"电流调节"旋钮置"10^{-6}"挡。电压从最小值－3 V 调起，缓慢增加，观测一遍不同电压下光电流的变化情况，粗略判断电流刚开始明显变化时对应的电压值，以便下面精测截止电压 U_a。

4. 测定单色光伏安特性曲线

电压从－3 V 开始缓慢增加，每隔 0.2 V 记录一次相应的电压和电流值(在电流刚开始明显变化的地方每隔 0.1 V 记录一次)，直到电流随电压显著增加为止；然后，依次换上波长 435.8 nm、546.1 nm 和 577.0 nm 的滤色片，用同样的方法记录下光电流和电压的对应值，并在坐标纸上分别作出这四种单色光的 I-U 特性曲线。

5. 确定截止电压 U_a

从曲线上找出电流开始明显变化的"抬头点"，此点的电压值即为截止电压 U_a(或直接从记录的数据中找出电流开始明显变化的电压值)，其方法是利用直尺寻找曲线从水平或接近水平开始抬头处的拐点，该拐点的电压即为与该频率对应的截止电压 U_a。记录 ν 和 U_a。

6. 测定普朗克常数 h

在坐标纸上作出 U_a-ν 曲线，求该直线的斜率 $k(k=\Delta U_a/\Delta \nu)$，进而求出普朗克常数 h($h=ke$)，将其与公认值进行比较并求出百分偏差 E。

 思考与分析

光电效应分为光电子发射、光电导效应和光生伏特效应。前一种现象发生在物体表面，称为外光电效应；后两种现象发生在物体内部，称为内光电效应。赫兹于 1887 年发现了光电效应，爱因斯坦第一个成功地解释了光电效应(金属表面在光照作用下发射电子的效应，发射出来的电子叫作光电子)。光波长小于某一临界值时方能发射电子，即极限波长，对应的光的频率叫作极限频率。临界值取决于金属材料，而发射电子的能量取决于光的波长而与光强度无关，这一点无法用光的波动性解释。还有一点与光的波动性相矛盾，即光电效应的瞬时性，按波动性理论，如果入射光较弱，照射的时间要长一些，金属中的电子才能积累住足够的能量，飞出金属表面。可事实是，只要光的频率高于金属的极限频率，光的亮度无论强弱，光子的产生都几乎是瞬时的，不超过 10^{-9} s。正确的解释是光必定是由与波长有关的严格规定的能量单位(光子或光量子)所组成的。光电效应里电子的射出方向不是完全定向的，只是大部分都垂直于金属表面射出，与光照方向无关。光是电磁波，但是光是高频振荡的正交电磁场，振幅很小，不会对电子射出方向产生影响。光电效应说明了光具有粒子性。

第5章 大学物理近代综合性实验简析

近代物理实验内容涵盖原子物理、原子核物理、激光与近代光学、真空、X射线、电子衍射、磁共振、微波、低温和半导体等物理学各主要分支领域,主要是近现代物理学发展过程中具有开拓性意义并且其核心思想仍然在当今科学技术发展中发挥作用的实验,是培养学生实验技能的重要课程之一,具有承上启下的作用。本课程着眼于掌握物理学领域科学研究工作必备的实验方法,进一步综合掌握物理学严谨的基本概念和实验思想,提高运用并发展现代科学技术的创新能力,在综合性、设计性的基础上,强调研究性,加入了10学时的虚拟仿真实验内容,对危险、实验室条件难以实现或无法实现的物理现象进行分析,培养学生的探索精神。

5.1 密立根油滴实验

电子是人类认识的第一个基本粒子,电子电荷的数值是一个基本的物理常数。作为这一认识的先驱者,汤姆逊在1897年测定了阴极射线的电子电荷与质量比 e/m,从而证明了电子的存在。接着,美国物理学家密立根经过七年的努力,在1911年成功地采用油滴法测定了电子的电量,令人信服地揭示了电量的量子本性。密立根油滴实验在近代物理学发展史上具有重要意义,密立根由此获得了1923年的诺贝尔物理学奖。本节运用CCD微机油滴仪,重温了这一著名的实验。由此不仅可了解密立根所用的基本实验方法,更可借鉴与学习密立根用宏观的力学模式揭示微观粒子量子本性的物理构思、精湛的实验设计和严谨的科学作风,从而更好地提高我们的实验素质和能力。

【实验目的】

(1) 验证电荷的量子性,即不连续性。
(2) 测定电子电荷 e。
(3) 了解CCD成像系统的原理与应用。

【实验仪器】

本实验所用仪器有:OM98 CCD微机油滴仪,喷雾器,喷雾油。
OM98 CCD微机油滴仪主要由油滴盒、显微镜、CCD电子显示系统和电路箱组成。

（1）油滴盒，其结构如图 5.1 所示，在两块平行金属圆电极板间垫以胶木圆环构成。上电极板中央有一个 $\Phi 0.4$ mm 的小孔，油滴从油雾杯经小孔落入油滴盒。胶木圆环上有照明孔和显微镜观察孔。油滴盒放在有机玻璃防风罩中。油雾杯底有油雾孔及其开关。

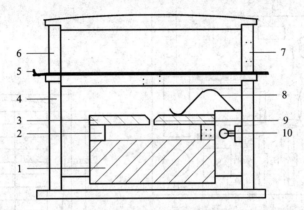

1—下电极板；2—胶木圆环；3—上电极板；4—防风罩；5—油雾杯开关；6—油雾杯；
7—喷油孔；8—压簧及上电极板导线；9—$\Phi 0.4$ mm 落油孔；10—照明灯

图 5.1　油滴盒结构图

（2）显微镜，主要用于观察和测量油滴的运动规律。

（3）CCD 电子显示系统，主要由 CCD 摄像头和视频监视器组成。视频监视器的总放大倍数为 $60\times$（$9''$ 监视器、标准物镜）。

（4）电路箱，箱内装有照明灯以及测量显示、高压产生和计时电路。

① 照明灯由半导体发光器件组成，光线经油滴散射后，在视频监视器上可以看到黑暗的背景中明亮而清晰的油滴。

② 测量显示。该电路产生电子分划板刻度（如图 5.2 所示），标准分化板 A 是 8×3 结构的，即垂直线视场 8 格（南京激光仪器厂的油滴仪是 4 格）为 2 mm。CCD 电子显示系统是把原来从显微镜中看到的图像通过 CCD 呈现在视频监视器上，便于观察。

③ 高压产生电路。该电路主要提供直流平衡电压和直流提升电压。500 V 平衡电压连续可调，用于使带电油滴在电场中静止。200 V 提升电压叠加（或减）在平衡电压上，以控制带电油滴在电场中的上下位置。油滴仪面板如图 5.3 所示，其中：开关 S_1 控制极板电压的极性；S_2 控制极板电压的大小，当 S_2 处于"平衡"挡时，可用电位器 W 调节平衡电压。当 S_2 处于"提升"挡时，可在平衡电压的基础上增加提升电压；当 S_2 处于"0 V"挡时，极板上的电压为 0 V。

④ 计时电路。S_2 的"平衡""0 V"挡与计时器的"计时/停"挡（S_3）联动。在 S_2 由"平衡"挡拨向"0 V"挡，油滴下落的同时计时开始，当油滴下落到预定距离时，迅速将 S_2 由"0 V"挡拨向"平衡"挡，油滴停止下落的同时计时停止。由于空气阻力的存在，油滴是先经一段变

速运动然后进入匀速运动的。但变速运动的时间非常短，小于 0.01 s，与计时器的精度相当，所以实验中忽略不计。

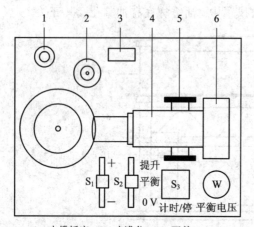

1—电缆插座；2—水准仪；3—开关；
4—显微镜；5—调焦手轮；6—CCD 摄像头

图 5.2　电子分划板

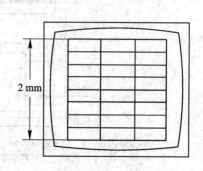

图 5.3　油滴仪面板图

【实验原理】

使用油滴法测定电子电荷是从观察和测定带电油滴在电场中的运动情况入手的。用喷雾器将油滴喷出时，微小的油滴由于摩擦而带电。如果一颗质量为 m、带电量为 q 的油滴落入水平放置、间距为 d、所加电压为 U 的两块平行极板之间（如图 5.4 所示），油滴将同时受到重力 mg 和电场力 qE 的作用，$E=U/d$ 为平行极板间的电场强度。适当调节电压的大小和方向，使电场力与重力方向相反而大小相等，即

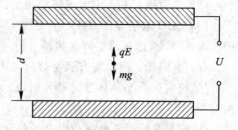

图 5.4　两平行极板之间的带电油滴

$$q\frac{U_n}{d}=mg \tag{5.1.1}$$

则带电油滴受合力为零（空气浮力忽略不计），相对静止地悬浮在电场中并保持平衡。测出该油滴质量 m、平衡电压 U_n 及平行极板距离 d，就可由式(5.1.1)求出油滴所带的电量 q。

实验表明：对于同一滴油滴，如果分别使它的电量为 q_1，q_2，q_3，…（可以用紫外线、X 射线或放射性物质发出的射线照射两平行极板间的空气使其电离。运动中的油滴与电离了的空气分子碰撞，会改变油滴所带的电量），则能够使油滴在电场中平衡的电压 U_{1n}，U_{2n}，U_{3n}，…只是一些不连续的特定值。这个事实揭示了电荷存在最小的基本单元，油滴所带电

量只能是电荷最小单元 e 的整数倍，即 $q=ne$。实验中测出各个电荷量 q_1，q_2，q_3，…，然后求出它们的最大公约数，这个最大公约数就是电子电荷 e。对于不同的油滴，也发现有同样的规律。本实验使用后一种方法进行测量。

式(5.1.1)中，油滴质量 m 的数量级在 10^{-18} kg 左右，对于这样微小的油滴质量进行直接测量是极为困难的。但是，油滴在表面张力作用下，一般呈球状，因此

$$m=\left(\frac{4}{3}\right)\pi r^3\rho \tag{5.1.2}$$

式中：ρ 为油滴的密度，r 为油滴的半径。r 的数值同样很难直接测量，但可以通过研究油滴在空气这一黏滞介质中的运动规律来间接测量。

当电场撤离后，油滴在空气中自由下落时同时受到重力 $f=mg=(4/3)\pi r^3\rho g$、空气浮力（忽略不计）和空气黏滞阻力 f_r 的作用。由流体力学的斯托克斯定律可知，$f_r=6\pi r\eta v$，其中 η 是空气黏滞系数，v 是油滴下降速度。当油滴的速度增大到一定值 v_s 时，重力和阻力平衡，油滴将匀速下降，此时 $mg=f_r$，即

$$\frac{4}{3}\pi r^3\rho g=6\pi r\eta v_s \tag{5.1.3}$$

整理得

$$r=\sqrt{\frac{9\eta v_s}{2g\rho}} \tag{5.1.4}$$

另一方面，由于油滴极为微小（$r\approx 10^{-6}$ m），它的直径已与空气分子之间的间隙相当，空气已不能看作连续介质，因此，斯托克斯定律应修正为

$$f_r=\frac{6\pi r\eta v}{1+\dfrac{b}{pr}} \tag{5.1.5}$$

式中：p 为大气压强，b 为修正系数。于是 r 变为

$$r=\sqrt{\frac{9\eta v_s}{2\rho g\left(1+\dfrac{b}{pr}\right)}} \tag{5.1.6}$$

式(5.1.6)中还包含油滴的半径 r，但因它处于修正项中，不需要十分精确，故它仍可用式(5.1.4)计算。将式(5.1.6)代入式(5.1.2)中，可得油滴质量为

$$m=\frac{4}{3}\pi\rho\left[\frac{9\eta v_s}{2\rho g}\cdot\frac{1}{\left(1+\dfrac{b}{pr}\right)}\right]^{\frac{3}{2}} \tag{5.1.7}$$

再将式(5.1.7)代入式(5.1.1)中，可得油滴的电荷为

$$q=ne=\frac{18\pi}{\sqrt{2\rho g}}\cdot\left(\frac{\eta v_{s}}{1+\dfrac{b}{pr}}\right)^{\frac{3}{2}}\cdot\frac{d}{U_{n}} \tag{5.1.8}$$

式中：v_s 可通过观测油滴匀速下降一段距离 L 和所用时间 t 来测定，即

$$v_{s}=\frac{L}{t} \tag{5.1.9}$$

将式(5.1.9)代入式(5.1.8)中得

$$q=ne=\frac{18\pi}{\sqrt{2\rho g}}\cdot\left[\frac{\eta L}{t\left(1+\dfrac{b}{pr}\right)}\right]^{\frac{3}{2}}\cdot\frac{d}{U_{n}} \tag{5.1.10}$$

式(5.1.10)中的其他常数分别如下：

重力加速度　　　　　　　$g=9.80$ m/s²

油的密度　　　　　　　　$\rho=981$ kg/m³

空气的黏滞系数　　　　　$\eta=1.83\times10^{-5}$ kg/(m·s)

修正常数　　　　　　　　$b=8.21\times10^{-3}$ m·Pa

大气压强　　　　　　　　$p=1.013\times10^{5}$ Pa

平行极板间距　　　　　　$d=5.00\times10^{-3}$ m

匀速下降距离 L　　　　 $L=2.00\times10^{-3}$ m

将以上数值代入式(5.1.10)，得近似公式

$$q=ne=\frac{1.43\times10^{-14}}{\left[t(1+0.02\sqrt{t})\right]^{\frac{3}{2}}}\cdot\frac{1}{U_{n}} \tag{5.1.11}$$

由式(5.1.11)可知，欲测一滴油滴的电荷，只需测出它的平衡电压 U_n，然后撤去电压，让油滴在空气中自由下落，并在下降到匀速后，测出下降距离 L 时所用的时间 t 即可。

【实验内容】

1. 调整仪器

先将视频线与监视器相连，并将监视器阻抗选择开关拨在 75 Ω 处。打开电源开关，显示出标准分划板刻度线及电压 U 值和时间 t 值。调节箱底部的三只调平螺丝，将水准泡调至中央，使平行极板处于水平位置。调节显微镜手轮，将镜筒前端移至防风罩口，喷油后在前后 1 mm 内调焦即可。

2. 选择油滴

选择一滴合适的油滴十分重要。体积大的油滴虽然比较明亮，但带电荷较多，下降速

度也快，时间不易测准；若油滴的体积太小，则容易受热扰动等影响，测量结果涨落很大，同样不易测准。因此只有那些质量适中而带电荷不多的油滴才合适。通常，选择平衡电压为 200～300 V，匀速下落时间在 20 s 左右的油滴较适宜。对于 9 英寸的监视器，选择目视直径在 0.5～1 mm 的油滴。

3. 测量

将 S_1 置于"＋"或"－"挡(一定不能在空挡，否则极板上没有电压)，再将 S_2 置于"平衡"挡，调节 W 使极板电压为 200～300 V。用喷雾器喷入油滴，调节显微镜焦距使油滴清晰。选取一滴合适的油滴，仔细调节平衡电压，直到油滴静止。当 S_2 拨向"提升"挡时，将油滴移至最上边的刻线上，进一步观察和调节平衡电压，并确定油滴在此刻线上的踏线位置。按一下 S_3，计时器停止计时，然后将 S_2 拨向"0 V"挡，油滴徐徐下降，计时器开始计时，当油滴到达最末的刻线时，迅速将 S_2 拨向"平衡"挡，油滴静止，计时也停止。记录平衡电压 U_n 和时间 t 的值，即完成一次测量。在正式测量之前要多测量几次，使得所测的各次时间离散性较小。

本实验要求分别选择 3～5 滴油滴进行测量，对同一滴油滴测定 6 次。每次测量都要检查和调整平衡电压，以减小偶然误差和油滴挥发带来的影响。

4. 数据处理

(1) 求电子电荷 e。将测得的每组 U_n 和 t 值代入式(5.1.11)中，先分别计算出油滴的电荷 q，再求出这些 q 值的最大公约数，即为电子电荷 e 的实验值。如果测量误差较大，欲求出各个 q 值的最大公约数比较困难，可采用"反过来验证"的办法，即用公认的电子电荷值 $e=1.602\times10^{-19}$ C 去除 q 值，得出一个很接近整数的值，其整数部分就是油滴所带的电荷数 n，用 n 去除 q 值，所得结果即为电子电荷的实验值 e。

(2) 对电子电荷的实验值取平均值，与公认值进行比较，求出相对误差。

 思考与分析

密立根油滴实验设计巧妙、方法简单、设备不复杂、结果清楚，尤其设计思路更值得借鉴，该实验至今仍有很大的生命力。因此重做密立根油滴实验不仅是对前人智慧的学习，学生更应该不断思考改进测量方法，从而提升创新思维。

5.2　全息照相实验

全息照相是指一种记录被摄物体反射波的振幅和相位等全部信息的新型摄影技术。普通摄影只记录物体表面上的光强分布，即振幅的信息，它不能记录物体反射光的相位信息，因而没有了立体感。全息照相摄影采用激光作为照明光源，并将光源发出的光分为两束，一束直接射向感光片，另一束经被摄物的反射后再射向感光片。两束光在感光片上叠加产生干涉，感光底片上各点的感光程度随着强度及两束光的相位关系不同而不同。所以全息照相不仅记录了物体上的反光强度，也记录了相位信息。

【实验目的】

（1）了解全息照相的基本原理和特点。
（2）初步掌握全息照相的方法，拍摄一幅漫反射三维全息照片。
（3）学会全息片的再现观察。

【实验仪器】

本实验所用仪器有：全息台及附件，氦氖激光器，光开关，曝光定时器，全息底片，被摄物体及洗相设备。

【实验原理】

全息照相分两步：波前记录和波前再现。波前记录是将物体射出的光波与另一光波，即参考光波相干涉，用感光片将这些干涉条纹记录下来，称为全息图或全息照片。全息图具有光栅状结构，当用参考光或其他相干光照射全息图时，光通过全息图后发生衍射，其衍射光波与物体光波相似，构成物体的再现。

1. 全息图的记录

全息实验光路如图 5.5 所示。激光器输出的光束用分束器 1 分为两束。反射的一束（光强较弱）经全反镜 6 反射到底片夹 5 上作为参考光；透射的一束（光强较强）经全反镜 2 反射到被摄物 4 上，再经物体表面漫反射，作为物光射到底片夹上。参考光与物光相干涉，在这

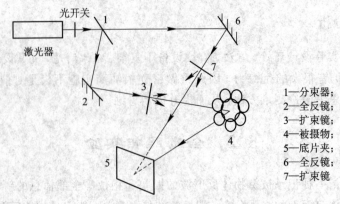

1—分束器；
2—全反镜；
3—扩束镜；
4—被摄物；
5—底片夹；
6—全反镜；
7—扩束镜

图 5.5　全息实验光路图

种干涉场中的全息底片经曝光、显影和定影处理以后，就将物光波的全部信息（振幅和相位）以干涉条纹的形式记录下来，这就是波前记录过程。这样所得到的全息图实际是一种较复杂的光栅结构。若反射光光强较强，透射光光强较弱，则需将图 5.5 中的被摄物 4 跟底片夹 5 互换位置。

2. 全息图的再现

将拍摄好的全息底片放回原光路中，当用参考光波照射全息底片时，经过底片衍射后得到零级光波，从底片透射而出；另外，在两侧有正一级衍射和负一级衍射光波存在。人眼迎着正一级衍射光看去，可看到一个与被摄物完全一样的立体的无失真的虚像；而在负一级位置上，可用屏接收到一个实像，也称为共轭像，如图 5.6 所示。

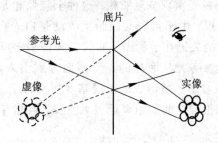

图 5.6　全息成像示意图

3. 全息图的特点

全息图具有以下几个特点：

（1）三维立体像。因为记录的是光波的全部信息，即振幅与相位同时记录在全息底片上。

（2）全息照片可以分割。打碎的全息照片仍能再现出原被摄物的全部图像。因为任一小部分全息图记录的干涉像是由物体所有点漫反射来的光与参考光相干涉而成的。

（3）全息图的亮度随入射光的强弱而变化。再现光愈强，像的亮度愈大；反之就愈暗。

（4）一张全息图可以多次曝光，即可以转动底片角度拍摄多次。再现时作同样的转动，不同的角度会出现不同的图像。也可以不转动底片而改变被摄物的状态进行多次曝光，再现时可观察到状态的变化情况。

4. 理想光程差

在拍摄全息图时，物光和参考光的光程差 Δ 为零是最理想的。

当物光和参考光在底片上任一点相遇时，光强度 I 仅依赖两束光的光程差 Δ。当 $\Delta = d_2 - d_1 = k\lambda$ 时，光强度 I 最大，得亮条纹；当 $\Delta = d_2 - d_1 = \left(k + \dfrac{1}{2}\right)\lambda$ 时，光强度 I 最小，得暗条纹（式中的 k 为整数），而干涉条纹的调制度定义为

$$M = \frac{I_{max} - I_{min}}{I_{max} + I_{min}}$$

当 $M=1$ 时，调制度最好。M 与光程差 Δ 以及激光管模数 n 是奇数还是偶数有关。若激光管长度为 L，L 在 $200 \sim 300$ mm 之间，则可以认为是单纵模，即 $n=1$。因此，计算 $\Delta = 0$ 时，干涉条纹数为奇数或偶数时，M 都为 1，调制度最好。当然，当 $\Delta = 2kL$ 时，也可得到同样的结果。但在光路调节中，后者较麻烦，一般不用。所以，我们通常采用 $\Delta = 0$ 这个光程差。实际上，在调节光路中，不能严格达到光程差为零，所以只要 $\Delta < 0.5$ cm，即可拍出很好的全息照片。

5. 反射式全息照相

反射式全息照相也称为白光重现全息照相。这种全息照相是用相干光的方法记录全息图，而用"白光"照明得到重现。由于重现时眼睛接收的是白光在底片上的反射光，故称为反射式全息照相。这种方法的关键在于利用了布拉格条件来选择波长。

记录全息图时，物光和参考光从底片的正反两面分别引入，并在乳胶层内发生干涉，见图 5.7(a)。干涉极大值在显影后所形成的银层基本上平行于底片。由于参考光和物光之间的夹角接近 $180°$，相邻两银层之间的距离近似半波长，因此有

$$d \approx \frac{\lambda}{2\sin(180°/2)} = \frac{\lambda}{2}$$

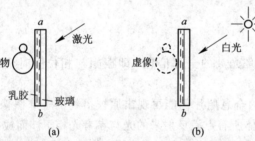
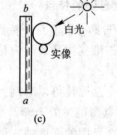

图 5.7 光线入射图

当用波长为 632.8 nm 的激光作光源时，这一距离约为 0.32 μm（在乳胶内，$n>1$，因此银层间距还要更小）。而全息底片乳胶层厚度为 $6 \sim 15$ μm，这样在乳胶层厚度内就能形成几十片金属银层，因而体积全息图是一种具有三维结构的衍射图像。重现光在这种三维物体上的衍射极大值必须满足下列条件：

（1）光从银层上反射时，反射角等于入射角（每片银层衍射的主极强沿反射方向），如图 5.8 所示。

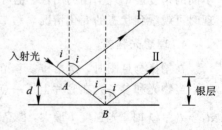

图 5.8 入射光反射图

（2）相邻两银层的反射光之间的光程差必须是λ。由图中可以很容易地计算出Ⅰ与Ⅱ两束光的光程差，就可得到衍射极大值要求：

$$\Delta L = 2d\cos i = \lambda$$

这就是布拉格条件。

当不同波长的混合光以某一确定的入射角 i 照明底片时，只有波长满足且 $\lambda = 2d\cos i$ 的光才能有衍射极大值。所以人眼能看到的全息图反射光（或衍射光）是单色的。显然对同一张底片，i 愈大，满足上式的反射光的波长愈短。

如果参考光是平面波，点物发出球面波，则干涉形成的银层将是弧状曲面。平行白光按原参考光方向照明，相当于照在凸面，反射成发散光，形成虚像；照明白光沿相反方向入射，则形成实像（见图 5.7（b）与图 5.7（c））。

上述全息图在记录时使用的是波长为 632.8 nm 的激光，可以预期，重现像也应是红的。但实际上看到的重现像往往是绿色的。其原因是在显影、定影过程中，乳胶发生收缩，使银层间距 d 变小，因而波长 λ 变小。

【实验内容】

1. 拍摄漫反射全息图

1）调整光路

按图 5.5 或自己选择的光路布置光学元件。分束器（1）选用透光率为 95% 的，以满足物光光强与参考光光强之比为 10∶1～1∶1；扩束镜选用放大倍数为 40 倍的。具体调节分以下两步：

（1）调节光学元件的螺钉，使光束基本同高。

调节扩束镜 3 的位置，使扩束后的光均匀照亮被摄物体。但光斑不能太大，以免浪费能量。在底片夹 5 上放一张白纸，调节底片夹位置，使白纸上所出现的漫反射光最强。挡住物光，调节全反镜 6，使反射光与物光中心反射到底片的光之间的夹角为 30°～45°。并经扩束镜 7 后，最强的光均匀地照亮底片夹上的白纸。

（2）调整物光与参考光的光程差 Δ 等于零或近似为零。

调节参考光的全反镜 6，应尽量使物光与参考光等光程，即用软质米尺从分束器 1 开始量，使物光光程 1→2 →3→4→5 等于参考光光程 1→6→7→5。

2）曝光

调好光路后，打开曝光定时器，选择预定的曝光时间（按所用干版特性要求和激光强度确定曝光量）。一般用 1～2 mW 的激光管，设定 10 s 左右（干版未经敏化处理，物体是陶瓷小动物）的曝光时间。让曝光定时器遮光，取下底片夹白纸，装上干版，使其面向被摄物体，稳定 1 min 后，再打开曝光定时器进行曝光。此时千万要注意：切勿走动或高声谈话，手机等电子设备均需关机。等待光开关自动关闭后，取下干板冲洗。

3）冲洗干版

将已曝光的干板取下（切忌手指触碰底片中间位置），在显影液中显影，显影时间由干板的变化情况决定，即在绿灯下观察曝光部分变灰即可。水洗 10～15 s，然后将干板放入定影液中定影 2 min，流水冲洗 1 min，在阴凉处凉干，即得到一张全息图。

冲洗完毕后，在日光灯下观看干板，若能看到干涉条纹，说明已记录了全息信息。

2. 全息图的再现观察

1）虚像观察

将拍摄好的全息图放回原拍摄位置，让拍照时的参考光照明底片。这时，透过玻璃面向原物体看去，在原物体位置上有与原物体完全逼真的三维像（被拍物已取走），这个像称为真像或虚像。

2）无失真的实像观察

把全息图前后翻转 180°，使膜面向观察者，相当于照明光逆转照明。眼睛向原物体方向看去，这时会看到一个失真的虚像。转动底片，在这个像的对称位置上得到一个无失真的实像。把屏放在人眼位置上，可以得到一个亮点，将屏后移，在屏上可看到实像，这时光强变弱，要仔细看才能看清。

3. 反射式（白光重现）全息图

拍摄光路如图 5.9 所示，物光和参考光来自同一束光，透过干板的光波在物面上反射并在乳胶面内与参考光发生干涉。为了使物光足够强，物面最好有金属光泽。物距干板不宜太远，以保证时间相干性。重现时可用白光，最好用阳光或线度较小的光源，重现光路参看图 5.6。

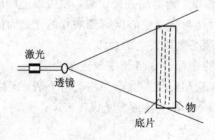

激光

透镜

底片

物

图 5.9 拍摄光路图

 思考与分析

全息干涉现象是人们在全息照相的实践中发现的，利用全息干涉技术不仅可以测量物体表面的微小移动和变形以及振动物体，还可以测量透明物体内部由于各种原因造成的光学性质的变化。例如，利用全息干涉测地震应力，轮胎质量检测仪、脉冲激光动态测量仪等全息干涉技术在生物医学方面也得到了成功的应用。所以学生应该对全息照相实验的原理和过程熟练掌握。

5.3　弗兰克－赫兹实验

1914 年，弗兰克(J. Frank)和赫兹(G. Hertz)使用电子碰撞气体原子的方法，使原子从低能级激发到高能级，通过测量电子和原子碰撞时交换的能量，证明了原子能级的存在，同时也证明了原子发生跃迁时吸收和发射的能量是确定的、不连续的，该实验为 1913 年玻尔发表的原子结构理论的假说提供了有力的实验证据，为此他们获得了 1925 年的诺贝尔物理学奖。

【实验目的】

（1）了解弗兰克－赫兹实验的原理和方法。

（2）测定氩原子的第一激发电位，验证原子能级的存在。

【实验仪器】

本实验所用仪器有：弗兰克－赫兹实验仪和示波器。

【实验原理】

玻尔原子理论指出：原子只能较长久地停留在一些稳定状态（定态），其中每一状态对应于一定的能量值，各定态的能量是分立的。原子只能吸收或辐射相当于两定态间能量差的能量。如果处于基态的原子要发生状态改变，那么所具备的能量不能少于原子从基态跃迁到第一激发态时所需要的能量。弗兰克－赫兹实验是通过具有一定能量的慢电子与稀薄气体原子的碰撞，进行能量交换而实现原子从基态到高能态的跃迁的。

设氩原子的基态能量为 E_0，第一激发态的能量为 E_1，初速为零的电子在电位差为 U_0 的加速电场作用下，获得的能量为 eU_0，具有这种能量的电子与氩原子发生碰撞，当电子能量 $eU_0 < E_1 - E_0$ 时，电子与氩原子只能发生弹性碰撞。若 $eU_0 \geqslant E_1 - E_0 = \Delta E$，则电子与氩原子发生非弹性碰撞，氩原子从电子中取得能量 ΔE 而由基态跃迁到第一激发态，当 $eU_0 = \Delta E$ 时，相应的电位差 U_0 即为氩原子的第一激发电位。

弗兰克－赫兹实验装置的原理如图 5.10 所示，在充氩的弗兰克－赫兹管中，电子由被灯丝 F 加热的阴极 K 发出，改变 F 的电压可以控制 K 发射电子的强度。靠近阴极 K 的是第一阳极 G′，在 K 和 G′ 之间加有一个小电压 $U_{G'K}$，该电压的作用一是控制管内电子流的大小，二是抵消阴极 K 附近电子云形成的负电位的影响。栅极 G 远离 G′而靠近板极 A，阴极 K 和栅极 G 之间的加速电压 U_{GK} 使电子加速。在板极 A 和栅极 G 之间加有反向拒斥电压 U_{AG}，管内电位分布如图 5.11 所示。

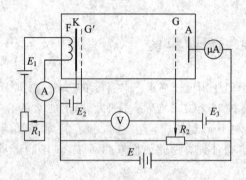

图 5.10　弗兰克-赫兹实验装置的原理图

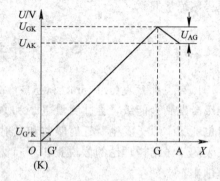

图 5.11　弗兰克-赫兹管内电位分布图

当 KG 空间的电压逐渐增加时，电子在 KG 空间被加速，其能量也逐渐增加。但在初始阶段，由于加速电压 U_{GK} 较低，电子的能量较小，即使在运动过程中与氩原子相撞也只有微小的能量交换（弹性碰撞），穿过栅极的电子所形成的板极电流 I_A 将随栅极电压 U_{GK} 的增加而增大（如图 5.12 中的 Oa 段）。当 KG 间的电压达到氩原子的第一激发电位 U_0 时，电子在栅极附近与氩原子碰撞，将自己从加速电场中获得的能量交给氩原子，并使氩原子从基态跃迁到第一激发态，而电子本身由于失去了能量，即使穿过了栅极也不能克服反向拒斥电场 U_{AG} 的作用而被折回栅极。所以，板极电流 I_A 将显著减小（如图 5.12 中的 ab 段所示）。随着栅极电压 U_{GK} 的增加，电子的能量也逐渐增加，它与氩原子碰撞后还剩余足够的能量，可以克服反向拒斥电场而到达板极 A，这时电流又开始上升（如图 5.12 中的 bc 段所示），直到 KG 间的电压是氩原子的第一激发电位的 2 倍（$2U_0$）时，电子在 KG 间又会因二次碰撞而失去能量，因而又造成了第二次板极电流的下降（如图 5.12 中的 cd 段所示）。KG 间的电压越高，电子在 KG 间为了得到大于 eU_0 的能量而加速运动的距离就越短，电子在 KG 空间与气体原子碰撞的次数就越多，而且碰撞区域随 U_{GK} 电压的增加越来越往阴极 K 靠近。因此，凡在 $U_{GK} = nU_0 (n = 1, 2, 3, \cdots)$ 的这些地方，板极电流 I_A 都会下跌，形成如图 5.12 所示的规则起伏变化的 I_A-U_{GK} 曲线，相邻两峰点（或峰谷）所对应的电位之差为 $U_{GK_{n+1}} - U_{GK_n}$，就是氩原子的第一激

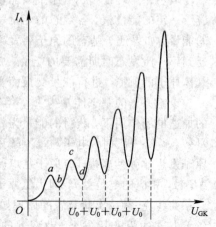

图 5.12　氩原子的 I_A-U_{GK} 关系曲线

发电位 U_0。

本实验通过测量 I_A-U_{GK} 关系曲线，能够证实原子能级的存在，并能测出原子的第一激发电位 U_0。理论上可以证明氩原子的第一激发电位为 11.6 V。

原子处于激发态是不稳定的，在实验中若被电子轰击跃迁到第一激发态的原子要跳回基态，就应该有 eU_0 的能量辐射出来。进行这种跃迁时，原子是以放出光子的形式向外辐射能量的，这种光辐射的波长可利用下式计算：

$$eU_0 = h\nu = h\frac{c}{\lambda}$$

使用光谱仪确实能观察到这些波长的谱线。

【实验内容】

1. 准备

(1) 仪器在接通电源之前，应先将栅极电压（锯齿波电压和直流电压）、第一阳极电压、拒斥电压和灯丝电流调到最小。将仪器的 X 输出、Y 输出分别与示波器的 X 输入、Y 输入相连接，示波器置"X–Y"工作方式，耦合方式设为直流，灵敏度设为 1 V/格，仪器的电流倍乘置"10^{-9}"挡。

(2) 接通电源，预热 20 min，并调节第一阳极电压为 1.5 V，拒斥电压为 7.5 V，灯丝电流为 0.85 A。

2. 谱峰法测量氩原子的第一激发电位

(1) 观察 I_A-U_{GK} 谱峰曲线。

弗兰克-赫兹实验仪的工作方式置"自动"。顺时针调节"扫描电压"旋钮，使栅极与阴极间的锯齿波电压从零开始逐渐增加，在示波器上观察到 5～6 个峰的谱峰曲线。

由于弗兰克-赫兹管特性的离散性，因而，不同的管子在相同的条件下会有不同的板极电流，适当调节灯丝电流，保证谱峰不削顶。适当调节示波器的 X 轴、Y 轴灵敏度，观察到最佳波形。

(2) 测量第一激发电位。

调整好 I_A-U_{GK} 谱峰曲线后，先将扫描电压降到零，再缓慢调高扫描电压，当示波器上的波形到了"峰点"位置时，读出相应的栅极电压 U_{GK} 值（锯齿波扫描电压的峰值）。继续增大扫描电压，测出所有峰点的栅极电位值，相邻两峰点的电位差即为第一激发电位 U_0。用逐差法处理数据（自己设计表格），将实验值和理论值进行比较计算出相对误差。

(3) 改变阳极电压或拒斥电压，观察对谱峰曲线的影响。

3. 点测法测量氩原子的第一激发电位

将仪器工作方式置为"手动"，将"直流电压"从零开始逐渐调到最大，记录各栅极电压

U_{GK} 及相应板极电流 I_A 的值。在板极电流变化缓慢的峰点(或谷点)附近多测几组数据。在坐标纸上作出 I_A-U_{GK} 曲线，相邻两峰点的横坐标之差即为第一激发电位 U_0。用逐差法处理数据(自己设计表格)，将实验值和理论值进行比较并计算出相对误差。

 思考与分析

弗兰克-赫兹实验证明了原子内部结构存在分立的定态能级。这个实验结论直接证明了原子具有玻尔所设想的完全确定的、互相分立的能量状态，是对玻尔的原子量子化模型的第一个决定性的证据。当玻尔提出他所设想的原子理论之后一直都被怀疑是否准确，没有有力的实验结果证明此理论，弗兰克和赫兹也是众多怀疑者中的两位科学家，他们的实验结论恰好证明了玻尔原子理论的正确性。

5.4 RLC 串联电路的暂态过程

在阶跃电压作用下，RLC 串联电路由一个平衡态跳变到另一个平衡态，这一转变过程称为暂态过程。RLC 电路的暂态特性在实际工作中十分重要，例如，脉冲电路中经常遇到元件的开关特性和电容的充放电问题；在电子技术中常利用暂态特性改善波形或产生特定波形。但有时暂态特性也会带来危害，例如在接通、切断电源的瞬间，暂态特性会引起电路中电流、电压过大，造成元件和设备的损坏。因此，我们研究 RLC 串联电路的暂态过程中电压及电流的变化规律，以便很好地利用它。

【实验目的】

(1) 观察 RC、RL 电路的暂态过程，理解电容、电感特性及电路时间常数 τ 的物理意义。
(2) 观察 RLC 串联电路的暂态过程，理解阻尼振动规律。
(3) 学习用数字存储示波器快速采集瞬态信号。

【实验仪器】

本实验所用仪器有：标准电容，标准电感，电阻箱，MDS-620 型数字存储示波器和单刀双掷开关。

【实验原理】

1. RC 电路的暂态过程

RC 电路如图 5.13(a)所示，当开关 S 合向"1"时，直流电源 E 通过 R(严格来说应包括电源内阻等回路的总电阻)，对电容 C 充电。达到平衡后，把开关快速从"1"合向"2"，电容

C 通过 R 放电，其电路方程为

$$u_C + iR = E \tag{5.4.1}$$

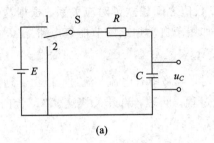

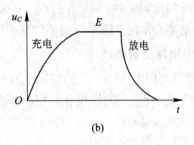

图 5.13　RC 电路图和 u_C-t 曲线

将 $i = C\dfrac{\mathrm{d}u_C}{\mathrm{d}t}$ 代入式(5.4.1)，电路方程如下：

充电过程：

$$\frac{\mathrm{d}u_C}{\mathrm{d}t} + \frac{1}{RC}u_C = \frac{E}{RC} \quad (\text{当 } t=0 \text{ 时，} u_C=0) \tag{5.4.2}$$

放电过程：

$$\frac{\mathrm{d}u_C}{\mathrm{d}t} + \frac{1}{RC}u_C = 0 \quad (\text{当 } t=0 \text{ 时，} u_C=E) \tag{5.4.3}$$

方程的解分别如下：

充电过程：

$$\begin{cases} u_C = E(1 - \mathrm{e}^{-\frac{t}{RC}}) \\ i = \dfrac{E}{R}\mathrm{e}^{-\frac{t}{RC}} \end{cases} \tag{5.4.4}$$

放电过程：

$$\begin{cases} u_C = E\mathrm{e}^{-\frac{t}{RC}} \\ i = -\dfrac{E}{R}\mathrm{e}^{-\frac{t}{RC}} \end{cases} \tag{5.4.5}$$

由上述公式可知，在充、放电过程中，u_C 和 i 均按指数规律变化。充电时，u_C 逐渐加大，而放电时 u_C 逐渐减小，u_C 随时间 t 的变化曲线如图 5.13(b)所示。可见，在阶跃电压作用下，u_C 不是跃变，而是渐变接近新的平衡数值的，其原因在于电容 C 是储能元件，在暂态过程中能量不能跃变。

通常令 $\tau = RC$，τ 称为 RC 电路的时间常数。在式(5.4.5)中，当 $t=\tau$ 时，有

$$u_C = E\mathrm{e}^{-1} = 0.368E \tag{5.4.6}$$

可见，τ 表示放电过程中 u_C 由 E 衰减到 E 的 36.8% 所需的时间。τ 值越大，变化越慢。一般

认为当 $t=5\tau$ 时，基本达到新的稳定态，这时有

$$u_C = Ee^{-5} = 0.007E$$

通过时间常数 τ，电压 u_C、时间 t 及 R、C 数值之间建立了对应关系。根据这一特性可制成延时电路，并在实际中得到了广泛应用，如用于自动熄灭的节能灯电路。

2. RL 电路的暂态过程

RL 电路见图 5.14(a)，当开关 S 合向"1"时，电路中有电流 i 流过，但由于通过电感的电流不能突变，电流 i 的增长有一相应的变化过程。同理，当开关快速从"1"合向"2"时，i 也不会骤然降至零，只会逐渐消失。电路方程如下：

电流增长过程：

$$L\frac{di}{dt} + iR = E \quad (\text{当 } t=0 \text{ 时}，u_L = 0) \tag{5.4.7}$$

电流消失过程：

$$L\frac{di}{dt} + iR = 0 \quad \left(\text{当 } t=0 \text{ 时}，u_L = \frac{E}{R}\right) \tag{5.4.8}$$

方程的解分别如下：

电流增长过程：

$$\begin{cases} u_L = Ee^{-\frac{tR}{L}} \\ i = \frac{E}{R}(1 - e^{-\frac{tR}{L}}) \end{cases} \tag{5.4.9}$$

电流消失过程：

$$\begin{cases} u_L = -Ee^{-\frac{tR}{L}} \\ i = \frac{E}{R}e^{-\frac{tR}{L}} \end{cases} \tag{5.4.10}$$

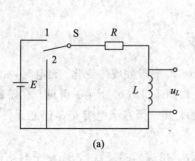
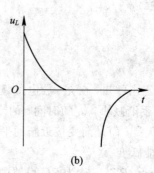

图 5.14 RL 电路图和 u_L-t 曲线

由此可见，在电流增长或消失过程中，u_L 都是按指数规律变化的，如图 5.14(b)所示。

RL 电路的时间常数为 $\tau = L/R$。

3. RLC 串联电路的暂态特性

(1) RLC 电路如图 5.15(a)所示,当开关 S 合向"1"时,电源将对电容充电,其电路方程为

$$L\frac{\mathrm{d}i}{\mathrm{d}t} + Ri + u_C = E \tag{5.4.11}$$

将 $i = C\dfrac{\mathrm{d}u_C}{\mathrm{d}t}$ 代入上式,得

$$LC\frac{\mathrm{d}^2 u_C}{\mathrm{d}t^2} + RC\frac{\mathrm{d}u_C}{\mathrm{d}t} + u_C = E \tag{5.4.12}$$

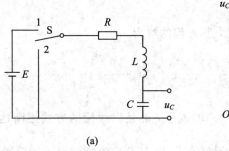
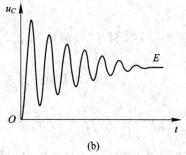

(a)　　　　　　　　　　　　(b)

图 5.15　RLC 电路图和 u_C-t 曲线

根据初始条件为当 $t = 0$ 时,$u_C = 0$,$\dfrac{\mathrm{d}u_C}{\mathrm{d}t} = 0$ 解方程,此时式(5.4.12)的解根据电路参数的不同可分为三种情况来进行讨论:

① 当 $R^2 < \dfrac{4L}{C}$ 时,属于阻尼较小的情况,即在"欠阻尼"情况下,方程的解为

$$u_C = E - E\sqrt{\frac{4L}{4L - R^2 C}}\,\mathrm{e}^{-\frac{t}{\tau}}\cos(\omega t + \varphi) \tag{5.4.13}$$

其中时间常数为

$$\tau = \frac{2L}{R} \tag{5.4.14}$$

衰减振动的角频率为

$$\omega = \frac{1}{\sqrt{LC}}\sqrt{1 - \frac{R^2 C}{4L}} \tag{5.4.15}$$

衰减振动的周期为

$$T = \frac{2\pi}{\omega} \tag{5.4.16}$$

u_C 随时间的变化规律如图 5.15(b)所示，由图可见，它以振动的方式逐渐达到 E 值，此时阻尼振动的振幅呈指数规律衰减。τ 的大小决定了振幅衰减的快慢，τ 越小，振幅衰减得越快。

当 $R^2 \ll \dfrac{4L}{C}$ 时，通常是 R 很小的情况，振幅的衰减很缓慢，由式(5.4.15)可得

$$\omega \approx \frac{1}{\sqrt{LC}} = \omega_0 \qquad (5.4.17)$$

此时近似为 LC 电路的自由振动，当 ω_0 在 $R=0$，LC 回路的固有频率条件下时，其衰减振动的周期为

$$T = \frac{2\pi}{\omega} \approx 2\pi\sqrt{LC} \qquad (5.4.18)$$

② 当 $R^2 > \dfrac{4L}{C}$ 时，属于"过阻尼"情况，其方程的解为

$$u_C = E\left[1 - \sqrt{\frac{4L}{R^2C - 4L}}\, e^{-\alpha t}\, \mathrm{sh}(\beta t + \varphi)\right] \qquad (5.4.19)$$

式中：$\alpha = \dfrac{R}{2L}$，$\beta = \dfrac{1}{\sqrt{LC}}\sqrt{\dfrac{R^2C}{4L} - 1}$。式(5.4.19)表示，$u_C$ 是以缓慢的方式逐渐达到 E 值的。可以证明，若 L 和 C 固定，则随电阻 R 的增加，u_C 增大到 E 值的过程更加缓慢。

③ 当 $R^2 = \dfrac{4L}{C}$ 时，属于"临界阻尼"情况，其方程的解为

$$u_C = E\left[1 - \left(1 + \frac{t}{\tau}\right)e^{-\frac{t}{\tau}}\right] \qquad (5.4.20)$$

临界阻尼状态是从阻尼振动到过阻尼状态的分界，即 u_C 刚好不振动的情况。此时的电阻称为临界电阻，用 R_0 表示。

(2) 当上述过程稳定之后，再迅速将开关从位置"1"转换至位置"2"，电容就在闭合的 RLC 电路中放电，其电路方程为

$$LC\frac{\mathrm{d}^2 u_C}{\mathrm{d}t^2} + RC\frac{\mathrm{d}u_C}{\mathrm{d}t} + u_C = 0 \qquad (5.4.21)$$

根据初始条件当 $t=0$，$u_C = E$，$\dfrac{\mathrm{d}u_C}{\mathrm{d}t} = 0$ 时，解方程，式(5.4.21)的解有以下三种情况：

① 当 $R^2 < \dfrac{4L}{C}$ 时，有

$$u_C = E\sqrt{\frac{4L}{4L - R^2C}}\, e^{-\frac{t}{\tau}}\cos(\omega t + \varphi) \qquad (5.4.22)$$

② 当 $R^2 > \dfrac{4L}{C}$ 时，有

$$u_C = E\sqrt{\dfrac{4L}{R^2C-4L}}\,\mathrm{e}^{-\alpha t}\,\mathrm{sh}(\beta t+\varphi) \tag{5.4.23}$$

③ 当 $R^2 = \dfrac{4L}{C}$ 时，有

$$u_C = E\left(1+\dfrac{t}{\tau}\right)\mathrm{e}^{-\frac{t}{\tau}} \tag{5.4.24}$$

由此可见，充电过程和放电过程十分类似，只是最后趋向的平衡位置不同。

4. 数字存储示波器简介

MDS‐620 型数字存储示波器具有模拟、慢扫描和数字存储三大功能。其中数字存储部分用于观察和测量单次信号和非周期信号，具有数据采集、波形保存和扩展功能。双参考存储可同时显示四踪波形。

1）数字存储示波器的工作原理

数字存储示波器的基本部分与模拟示波器相比，增加了图 5.16 中虚线框包围的部分。它将经过前置放大后的被测模拟信号通过"模拟/数字转换器"（A/D）转换成数字信号存在存储器中。所谓数字信号，是用一系列分立的数字表示的信号，显示时将信号从存储器中"读"出来，经过"数字/模拟转换器"（D/A）还原成模拟信号，再经过驱动放大器送于示波器显示。存于存储器中的信号如果不被新的数字信号所更换，且不断电，则可一直保存。也可通过专配的数据接口输送给微机存储，该数据可长期保存，并可借助计算机进行数据处理，使用十分方便。

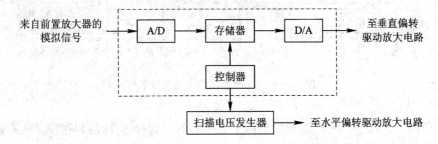

图 5.16　数字示波器工作原理示意图

用示波器观测一次性瞬变信号常采用"触发扫描"方式。示波器从被触发这一时刻开始记录、显示被测信号，因此，一般情况下无法看到触发前已进入示波器的那部分被测信号，以致难以完整地记录被测信号。为了解决这一问题，多数数字存储示波器采用了"循环记录"方式。

设数字存储示波器的每个通道共有 N 个存储单元，习惯上按 $0\sim(N-1)$ 来编号。当示

波器处在"等待工作状态时，无论被测信号是否来到，A/D 和存储器一直在工作着："时，A/D 转换器按给定的时间间隔周期性地对其输入端的电压进行采样，并转换成相应的数字依次逐个存入存储器的各个单元中，存完最后一个单元($N-1$)号之后，再从 0 号开始，将新数据逐个顶替旧数据，如此周而复始，不断循环更新。至某一时刻 t，示波器被触发，其控制器使用一个专用计数器开始对数据进行更新计数，每更新一个单元的数据，该计数器便累加 1，直至累加结果等于预置数 N_p 时，该计数器"通知"控制器，使 A/D 停止转换，数据更新工作结束。于是，在存储器的 N_p 个单元中记录的是示波器在触发后接收的信号，其余($N-N_p$)个单元中记录的是示波器在触发前接收的信号。适当选择采样周期和预置数，即能使之完整地记录被测的瞬变信号。

2）面板介绍

数字示波器控制面板展示如图 5.17 所示，下面只介绍存储部分的功能。

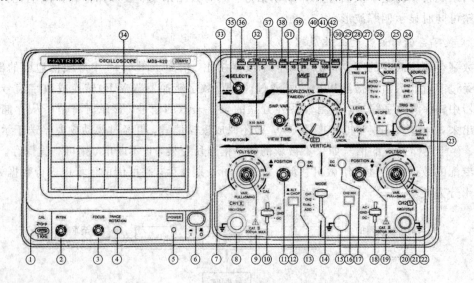

图 5.17　数字示波器控制面板展示图

图中：

（1）存储功能选择：SELECT 用于调节光标位置，选择 ㊱ ㊲ ㊳ 和 ㊵ 对应的存储功能；按下该按钮，对应的功能被选中或取消。

（2）DSO/REAL ㊱：存储/实时工作状态指示灯。若要选择存储方式（DSO），向下按 ㉟ 旋钮，红（橙）灯亮，示波器则工作在数字存储模式。

（3）TRIG PO/NT ㊲：触发点设置位置指示灯。由于存储示波器可以观察到触发以前的信息，因此必须预先设置触发点的位置。

（4）SAVE ㊴：存储波形保存键。在存储工作方式下，测量后按下此键，可以保存被测波形，保存后的波形可以被水平扩展或进行垂直移位。

（5）REF ㊶："参考"波形存储键。在存储工作方式下，测量后按下此键，可以将屏幕上显示的当前波形存入"参考"存储器，用于和以后测量的波形进行比较。

（6）SWP. VAR/VIEW TIME ㉚：实时扫描时间微调/存储观察时间，微调电位器及开关。在存储工作方式下，该开关打开，可以调整存储波形的观察时间，调节的范围为 200 ms～5 s；该开关关闭（顺时针旋转到底），观察时间为零。

（7）RS－232：示波器与计算机的通信接口。该接口位于仪器的后面板，用于仪器和计算机之间的通信，将被测量保存的波形传输给计算机。操作方法如下：在存储工作方式下，将欲传输的被测波形予以保存；用旋钮㉟调节光标置空挡；运行专用的联机软件，待计算机准备好后，按下旋钮㉟即可进行波形传输，指示灯㊷停止闪烁则通信完成。

【实验内容】

1. 学习数字存储示波器的使用

"存储"（DSO）方式的操作是在"实时"（REAL）方式的基础上进行的。

（1）使用前的准备。使用前有关控制键的参考位置（若选择 CH1）如表 5.1 所示。

表 5.1　数字示波器控制件名称及位置

控制件名称	作用位置	控制件名称	作用位置
SELECT,SAVE,REF	弹出	TRIGGER MOD	AUTO 自动
输入耦合 10	DC	微调拉×5（三只）	顺时针旋足
MOD,SOURCE	CH1	VOLTS/DIV	50 mV
SLOPE 极性	＋ ╱	SEC/DIV	1 ms

（2）测量存储操作步骤。

以调节 RLC 串联电路的阻尼振动波形为例，按图 5.15 连接电路，取 $E＝5$ V，$R＝0$ Ω。

① 按下"SELECT"，转入存储方式。

② 触发方式置"自动"，调出扫描线（0 电平线），并使其居中。

③ u_C 连到示波器的 CH1。开关合向"1"，使电容 C 充电，出现平衡电平线（5 V）。断电后电容 C 放电，电平线回落。调节"移动"和"灵敏度"旋钮，使充电平衡电平线居中，放电平衡电平线在屏幕的下方显示，以保证将来记录的振动波形完整。

④ 触发方式置"常态"，开关合向"1"，电容 C 充电，示波器捕获并存储 RLC 电路充电瞬间 u_C 的变化情况，屏幕上出现阻尼振动波形。若波形不完整，重复步骤③、④。

⑤ 按下"SAVE"，可移动和扩展图形到合适位置进行测量。

⑥ 按下"REF"，可保存一个参考图形(固定)，另一个同样的图形可移动及扩展。

⑦ 弹出"SAVE""REF"，又可进行新的测量。但原参考图形仍然存在。

⑧ 若要观察开关合向"2"时，电容 C 放电瞬间 u_C 的变化情况，需将触发信号的极性选择㉗(见图 5.17)置"－"，用下降沿触发，同时还要将开关极快速地从"1"合向"2"。

2. 观察和测量 RLC 串联电路的单次充、放电暂态过程

观察三种不同振动状态的 u_C 波形。根据元件参数先估算对应三种不同振动状态 R 的取值范围。

按照步骤①介绍的方法，用存储示波器采集 RLC 串联电路充电的瞬态信号。因为 $R=0\ \Omega$，故此时近似 LC 电路自由振动。

(1) 观察并记录充电阻尼振动波形。

(2) 测量该衰减振动的周期 T'，并与根据式(5.4.18)计算的理论值进行比较。

(3) 测定该衰减振动的时间常数 τ。

设衰减振动的第 1 个振幅(等于该峰值电压与电路稳定时相应的电压之差的绝对值)为 u_{C_1}，经过 n 次振荡后的振幅为 u_{C_n}，从衰减振动的表达式可得

$$\frac{u_{C_n}}{u_{C_1}}=\mathrm{e}^{-(n-1)\frac{T'}{\tau}}$$

式中：T' 和各个 u_{C_n} 值可根据衰减振动波形图测出，从而可以算出 τ 值。

若应用最小二乘法计算 τ，则其方法是：对上述等式两边取对数可得

$$\ln\frac{u_{C_n}}{u_{C_1}}=-(n-1)\frac{T'}{\tau}$$

令 $\ln\dfrac{u_{C_n}}{u_{C_1}}=y$，$n-1=x$，$-\dfrac{T'}{\tau}=b$，则有 $y=bx$，测出 T' 和各个 u_{C_n} 值，即可用最小二乘法求出 τ 值。

(4) 观测 R 值的大小对振幅衰减快慢的影响。取不同的 R 值，对比观察衰减振动的波形，加深对时间常数 $\tau=2L/R$ 的物理意义的理解。

(5) 观察和记录临界阻尼振动波形，并测定临界电阻 R_0。逐渐增大 R 值，衰减振动依次减弱。当增至某一值时，该波形刚好不出现振动，此时电路处于临界阻尼状态，该回路中的总电阻即为临界电阻，即

$$R_0=R+R_L+R_s$$

其中，R_L 为电感线圈电阻，R_s 为电源内阻。

(6) 观察和记录过阻尼振动波形。继续增加 R 值，电路进入过阻尼状态，R 值越大，u_C 趋近稳定值的过程愈缓慢。

(7) 观察和记录开关合向"2"时，电容在闭合的 RLC 电路中放电的三种振动波形。

3. 观察 *RC* 电路的单次充电、放电暂态过程

按图 5.13(a)连接电路，取 $E=2$ V，$C=0.1$ μF，$R=10$ kΩ。将 u_C 连到示波器的 CH1，分别将开关合向"1"和"2"，用存储示波器采集 *RC* 电路充电、放电的瞬态信号，观察并如实记录 u_C 波形。

4. 观察 *RL* 电路的单次充电、放电暂态过程

按图 5.14(a)连接电路，电感 $L=0.1$ H，其线圈电阻 R_L 用数字万用表测量。根据元件参数，取两组不同的 R 值，用存储示波器采集 *RL* 电路充电、放电的瞬态信号，观察并如实记录 u_L 波形。

可将上述观察到的波形用计算机打印出来。

 思考与分析

RLC 串联电路是各种复杂网络的基础，也是具有频率特性的电路网络的基本组成部分，深入分析其相关特性对理解和学习电路尤为重要。*RLC* 串联电路也是电工类教材中常见的谐振电路，所以作为理工科学生，对于 *RLC* 串联电路的学习是很有必要的，对于分析和设计电路有基础的指导意义。

5.5　塞 曼 效 应

当把光源放到足够强的磁场中时，原来的一条光谱线将分裂成几条光谱线，此效应是塞曼(Zeeman)于 1896 年发现的，因而称为塞曼效应。塞曼效应分裂的光谱线是偏振的，分裂的条数随着能级的不同而不同。一条光谱线分裂成三条的称为正常塞曼效应，分裂的光谱线为三条以上的称为反常塞曼效应。通过塞曼效应实验可以得到有关能级分裂的证据。至今此类实验仍是研究原子内部能级结构的重要方法之一。

【实验目的】

(1) 理解塞曼效应的原理。

(2) 观察 Hg 光谱线在磁场中分裂的情况，并测其分裂间距。

【实验仪器】

本实验所用仪器有：塞曼效应仪。实验装置系统如图 5.18 所示。图中光源为笔形汞灯，放置在电磁铁(N、S)两磁极之间的中央处。用 220 V 交流电源通过自耦变压器，再接到漏磁变压器上点燃汞灯。

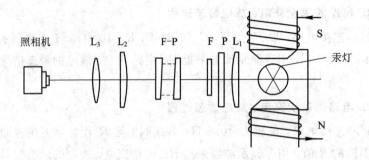

图 5.18 实验装置系统示意图

N、S 为电磁铁两磁极，电磁铁安装在一固定底座上，可绕底座旋转 360°，并可旋转在任意位置锁紧。电磁铁用 5 A、50 V 可调直流稳压电源供电。磁感应强度用特斯拉计测量。

L_1 为会聚透镜，使射入标准具的光线近似为平行光线。P 为偏振片，沿垂直磁场方向观察时，用于鉴别 π 成分和 σ 成分；沿磁场方向观察时，它与 1/4 波片一起，用于鉴别左旋或右旋圆偏振光。F 为透射干涉滤光片，用来选取实验所需的波长。F-P 为法布里-珀罗标准具（或干涉仪），简称 F-P 标准具。F-P 标准具是产生等倾干涉的器件，其干涉花纹是一组同心圆环。L_2 为成像透镜，使 F-P 标准具形成的干涉条纹成像于焦平面上，L_3 为摄谱物镜。以上各光学元件均安置在同一光具座上。读数显微镜或照相机是用来观察或拍摄干涉条纹和测量干涉圆环的直径的。

【实验原理】

原子中的电子作轨道运动产生轨道磁矩，电子还具有自旋运动产生自旋磁矩。轨道磁矩和自旋磁矩合成原子的总磁矩。由于外磁场的力矩作用，总磁矩绕磁场方向旋进，旋进所引起的附加能为

$$\Delta E = M g \mu_B B \tag{5.5.1}$$

式中：M 是磁量子数，g 是朗德因子，μ_B 为玻尔磁子，B 是外磁场的磁感应强度。

对于 L-S 耦合，有

$$g = 1 + \frac{J(J+1) - L(L+1) + S(S+1)}{2J(J+1)} \tag{5.5.2}$$

式中：J 为总角动量量子数，L 为轨道量子数，S 为自旋量子数。g 因子表征了原子的总磁矩与总角动量的关系，而且决定了能级在磁场中分裂的大小。

J 一定时，M 的取值为 $M = J, J-1, \cdots, -J$，即共有 $2J+1$ 个 M 值。这样，无磁场时的一个能级在外磁场的作用下分裂成 $2J+1$ 个子能级。设频率为 ν 的光谱线是由能级 E_2 和 E_1 之间跃迁产生的，则

$$\nu = \frac{1}{h}(E_2 - E_1)$$

在磁场中，上、下能级分别有 $2J_2+1$ 和 $2J_1+1$ 个子能级，附加能量分别为 ΔE_2 和 ΔE_1 的子能级间跃迁产生的新的谱线频率为

$$\nu'=\frac{1}{h}(E_2+\Delta E_2)-\frac{1}{h}(E_1+\Delta E_1)$$

分裂后的谱线频率与原谱线的频率差为

$$\Delta\nu=\nu'-\nu=\frac{1}{h}(\Delta E_2-\Delta E_1)=(M_2g_2-M_1g_1)\frac{\mu_B B}{h}$$

将玻尔磁子 $\mu_B=\dfrac{eh}{4\pi m_e}$ 代入上式得

$$\Delta\nu=(M_2g_2-M_1g_1)\frac{e}{4\pi m_e}B \tag{5.5.3}$$

式(5.5.3)若用波数差 $\Delta\bar{\nu}$ 表示，则有

$$\Delta\bar{\nu}=(M_2g_2-M_1g_1)\frac{e}{4\pi m_e c}B$$

引入洛伦兹单位 $L=\dfrac{eB}{4\pi m_e c}$，则

$$\Delta\bar{\nu}=(M_2g_2-M_1g_1)L \tag{5.5.4}$$

式中：M 的变化要满足选择定则 $\Delta M=0,\pm 1$。

（1）当 $\Delta M=0$ 时，沿垂直于磁场方向观察时，所见为线偏振光。此线偏振光的振动方向为平行于磁场方向，这种谱线称为 π 线。这种情况下，从平行于磁场方向观察时，看不到此谱线。

（2）当 $\Delta M=\pm 1$ 时，沿垂直于磁场方向观察时，所见为线偏振光。此线偏振光的振动方向为垂直于磁场方向，该谱线称为 σ 线。沿平行于磁场方向观察时，产生圆偏振光，圆偏振光的转向依赖 ΔM 的正负。沿磁场方向观察，当 $\Delta M=+1$ 时，为左旋圆偏振光；当 $\Delta M=-1$ 时，为右旋圆偏振光。

本实验主要研究汞放电管波长为 546.1 nm 的绿光谱线的塞曼分裂，即观察或拍摄 Hg 光谱线在磁场中分裂的情况，并测出其裂距，计算电子的荷质比（e/m_e）。

Hg 的 546.1 nm 光谱线是（$6s7s\,^3S_1-6s6p\,^3P_2$）能级跃迁产生的。对应于各能级的量子数和 g，M 的值如表 5.2 所示。

表 5.2　初态和末态的 g、M 值

	L	J	S	g	M
初态 $^3S_1$	0	1	1	2	1，0，−1
末态 $^3P_2$	1	2	1	3/2	2，1，0，−1，−2

在外磁场作用下,如图 5.19 所示,Hg 的 546.1 nm 光谱线在外磁场作用下被分裂成 9 条等间距的谱线,这属于反常塞曼效应。当沿垂直于磁场方向观察时,可看到 π 分支线或 σ 分支线;当沿磁场方向观察时,只能看到左旋圆偏振光和右旋圆偏振光。

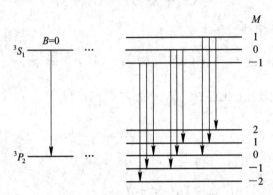

图 5.19 Hg 绿线在磁场中的塞曼分裂图

【实验内容】

(1) 观察 Hg 的 546.1 nm 光谱线在磁场中的分裂情况。

A. 横向塞曼:

① 将导轨放置在长工作台上,调整水平螺丝,使导轨呈水平状态。

② 将电磁铁(带转座)放在工作台上紧靠导轨尾部,连接稳流稳压电源。

③ 把笔型汞灯放在电磁铁的磁极间,用漏磁变压器点燃汞灯。

④ 放置会聚透镜,使它的照明光斑均匀。

⑤ 放置干涉滤光片,要求汞灯光斑充满干涉滤光片孔径。

⑥ 放置 F－P 标准具,要求与干涉滤光片同轴,调整微调螺丝,使两镜片严格平行。

⑦ 放置摄谱物镜,调整其高度使其与标准具镜片同轴。

⑧ 放置摄谱装置,调整其高度使其与物镜同轴(若摄谱装置高度不可调,则应先以摄谱装置为参考,调整其他部件使与之同轴),然后移动摄谱物镜从照相机取景器(或摄谱装置的看谱镜)中观察(取下照相机镜头),此时看到清晰的干涉图像。

⑨ 接通稳流稳压电源,逐步增强电流,从取景器中看到清晰的塞曼分裂谱线为九条。

⑩ 在会聚透镜上装偏振片,转动偏振片即可看到塞曼 π 分量和 σ 分量。

⑪ 摄谱可用 135 黑白胶卷(曝光时间不加磁场约为 1 min,加磁场约为 1.5 min,加偏振片约为 2 min,供参考)。

⑫ 谱片可用读数显微镜测量。

B.纵向塞曼:

①　抽掉电磁铁一端的 $\Phi6$ 芯棒，将电磁铁旋转 $90°$，使汞灯光束从小孔中射出。

②　部件的安置调整与横向实验相同。

③　在电磁铁小孔前加 $\lambda/4$ 波片给圆偏振光以附加的 $\pi/2$ 相位差，使圆偏振光变为线偏振光，波片上箭头指示方向为慢轴方向，表示相位差落后 $\pi/2$。偏振片顺时针旋转 $45°$ 时，可见分裂的两条谱线的其中一条消失了；偏振片逆时针旋转 $45°$ 时，可见消失的一条谱线重现，而另一条消失，证实分裂的两条谱线是左、右旋圆偏振光。

④　摄谱方法与横向实验相同。

（2）用读数显微镜测量干涉圆环的直径及其塞曼分裂的裂距。

①　如图 5.20 所示，图中 D_k 和 D_{k-1} 是同一波长相邻两级（第 k 级和第 $k-1$ 级）圆环的直径。D_a 和 D_b 是对应于第 k 级分裂谱线中波长为 λ_a 和 λ_b 的两圆环的直径。调好读数显微镜，并将读数显微镜镜筒移到标尺的中部位置。当从读数显微镜中看到清晰且亮度对称的绿色同心干涉圆环时，再把镜筒移至左侧某处，令叉丝交点对准某一视为 $(k-2)$ 级的干涉条纹，然后从左到右依次测出 $(k-1)$ 级和 k 级两相邻圆环的左右坐标，计算出相应的直径，如图 5.20 所示。注意：测量时，读数显微镜筒只朝一个方向移动，中途不得倒退。

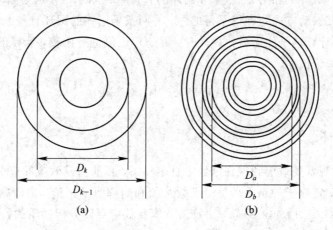

图 5.20　F-P 干涉条纹及正常塞曼分裂图

②　测量 Hg 的波长为 $546.1\ \mathrm{nm}$ 光谱线在磁场作用下塞曼分裂的裂距。测完零磁场时干涉圆环的直径后（或在此之前），在光路中先置入偏振片，并使其振动方向平行于预定的磁场方向，再加磁场，逐渐增大磁感应强度至适当值（在 $1\ \mathrm{T}$ 范围之内），使从读数显微镜中看到 1 条光谱线分裂成 3 条清楚的子谱线，如图 5.20 所示。再按照方法（1）测出第 k 级圆环的分裂谱线的左右坐标，并求出其分裂圆环的直径 D_b 和 D_a。最好将（1）、（2）两步结合在显微镜筒的同一次移动中测完。

（3）用特斯拉计测量磁感应强度的值。

（4）计算电子的荷质比 (e/m_e)。

对正常塞曼效应，分裂谱线与原谱线之间的波数差（裂距）为

$$\Delta \bar{\nu} = L = \frac{eB}{4\pi m_e c}$$

而本实验中 Hg 的波长为 546.1 nm 光谱线在磁场中分裂的 9 条谱线中，相邻子谱线的波数差为 $\frac{1}{2}L$，而 π 线成分内和 π 线成分外两谱线的波数差则等于一个洛伦兹单位，故本实验所测 $\Delta\bar{\nu}$ 应为同一级谱线中原谱线内、外两侧的两条子谱线（π 线）之间的波数差。

由 F－P 标准具测量谱线的波数差可推导出

$$\Delta \bar{\nu} = \frac{1}{2l} \left(\frac{D_b^2 - D_a^2}{D_{k-1}^2 - D_k^2} \right)$$

由以上两式可得

$$\frac{e}{m_e} = \frac{2\pi c}{lB} \left(\frac{D_b^2 - D_a^2}{D_{k-1}^2 - D_k^2} \right) \tag{5.5.5}$$

式中：c 为光速；l 为 F－P 两板内表面的间距；B 为磁感应强度；D_{k-1} 和 D_k 为 $B=0$ 时同一波长相邻两级（第 $k-1$ 级和第 k 级）干涉圆环的直径；D_b 和 D_a 分别为当 $B\neq0$ 时，第 k 级干涉圆环分裂后其振动方向与磁场平行的内、外两条子谱线的圆环直径。

按式（5.5.5）计算电子的荷质比（e/m_e），并与理论值进行比较，计算出相对误差。

电子荷质比理论值为

$$\frac{e}{m_e} = 1.7588 \times 10^{11} (\text{C/kg})$$

 思考与分析

自 1896 年发现塞曼效应到现在已经一百多年了，目前塞曼效应的应用也很多，可由塞曼效应实验结果确定原子的总角动量量子数 J 值和朗德因子 g 值，进而确定原子轨道量子数 L 和自旋量子数 S 的数值。另外，由物质的塞曼效应可以分析物质的元素组成。

5.6 用冲击电流计测量电容和高电阻

本实验介绍磁电式冲击电流计的原理，以及用冲击电流计测量电容器上的电量，从而测得其电容值和漏电阻值。

【实验目的】

（1）了解磁电式冲击电流计的构造和原理。

（2）测定冲击电流计冲击常数。

（3）测量电容器的电容。

（4）用放电法测量高电阻。

【实验仪器】

本实验所用仪器有：磁电式冲击电流计，标准电容器，待测高电阻，待测电容，毫伏表，开关和稳压电源等。

【实验原理】

冲击电流计是一种用来测量极短时间内流经动线圈之脉冲电量的仪器，在物理实验中常用冲击电流计来研究电容器的充放电过程，即电磁感应等短暂的物理现象。本实验采用的冲击电流计为 AC4 型，如图 5.21 所示。其构造原理是有一旋转线圈处于永久磁铁形成的对称磁场中，在旋转线圈上面有一个小反光镜，可以随着线圈转动。在旋转线圈的中央是软磁铁圆柱体，其作用是使得在线圈的工作范围内，磁力线分布以线圈转轴为中心呈均匀辐射形状。当小电珠被点亮时，光通过透镜传到反射镜上，来自反射镜的反射光再反射到 45°反射镜上，最后指向毛玻璃镜尺（标尺），只需在竖直方向上适当调节透镜，即可使透镜下面的刻线成像在毛玻璃镜尺上。当线圈中无电流通过时，黑色刻线成像在镜尺上的像静止不动，一旦有微弱的电量通过时，就会使得镜尺上的光斑发生较大的偏转。

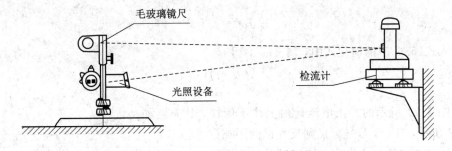

图 5.21　AC4 型冲击电流计

当电流通过冲击电流计时，线圈在磁场中受磁力矩的作用，其大小为

$$M = SNBI\sin\alpha \tag{5.6.1}$$

其中，S 为线圈的面积，I 为通过线圈的电流强度，N 为线圈的匝数，B 为磁感应强度，α 为线圈法线方向与磁感应强度方向间的夹角，在磁力矩的作用下，线圈将产生相应的转动，直到弹性金属丝的恢复力矩与磁力矩相等为止。如果线圈中流过的不是稳恒电流，而是持续时间为 τ 的瞬时电流，线圈将受到冲量矩的作用，表达形式为

$$M\Delta t = \int_0^\tau SNBI\sin\alpha\, dt = SNB\sin\alpha \int_0^\tau I\, dt = qSNB\sin\alpha$$

其中，q 即为在时间 τ 内流经线圈的总电量。

在电流计中都将磁场做成辐射状，这样不论线圈转到任何位置，都使线圈平面法线与磁感应强度 B 的方向垂直，所以 $\sin\alpha=1$，故而在冲击时间内，线圈受到的冲量矩为

$$M\tau = SNBq \tag{5.6.2}$$

在力矩的作用下，满足角动量守恒，即

$$SNBq = J(\omega_1 - \omega_0) \tag{5.6.3}$$

式中：ω_1 为线圈转动的角速度。因为线圈是从静止开始转动的，故 $\omega_0=0$，所以上式可简化为

$$J\omega_1 = SNBq$$

此时线圈所具有的转动动能 $W_k = \dfrac{1}{2}J\omega_1^2$。由于 $\tau \ll T$，故可将线框从通电到转动的过程分为两步：第一步，线圈受到冲量矩的作用而获得转动动能，但线圈仍处于平衡位置附近，还没来得及转动；第二步，当线圈获得了转动动能而开始转动时，线圈中的电流已经没有了，如果此时不计空气的阻力，同时又不存在其他阻尼，线圈的运动过程将遵从机械能守恒定律，即线圈的转动动能将逐渐转化为悬丝的扭转势能，当线圈的转动动能全部转化为悬丝的扭转势能时，线圈便转到了最大角位移 θ，此时 $W_p = \dfrac{1}{2}D\theta^2$（式中 D 为悬丝的扭转弹性系数），所以有

$$\frac{1}{2}J\omega_1^2 = \frac{1}{2}D\theta^2$$

将其代入式(5.6.3)的简化式中，消去 ω_1，得

$$q = \frac{\sqrt{JD}}{NBS}\theta \tag{5.6.4}$$

在图 5.21 所示的冲击电流计由上往下俯视，其光路如图 5.22 所示，其中，L 是标尺到反光镜的距离。

设当冲击电流计中没有电流流过时，黑色刻线在标尺上的位置为 O，而一旦有电流流过电流计的线圈时，线圈将转过角度 θ，与线圈相连的小反光镜也必然转过相同的角度 θ，根据光的反射定律，从小反射镜上反射的光线将转过 2θ 角度，因而落在标尺上的光斑将由 O 点转动到 O' 点，设 O 与 O' 之间的距离是 d，由于角度 θ 一般很小，故可近似认为

$$2\theta = \tan 2\theta = \frac{d}{L}$$

所以

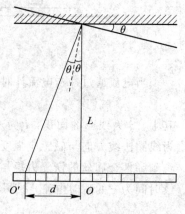

图 5.22　光路图

$$\theta = \frac{d}{2L} \tag{5.6.5}$$

将其代入式(5.6.2)中可得

$$q = \frac{\sqrt{JD}}{2NBSL}d \tag{5.6.6}$$

或写作

$$q = Kd \tag{5.6.7}$$

其中，K 是由冲击电流计本身的构造所决定的，称为冲击电流计的电量冲击常数，单位为 C/cm（库仑/厘米）。

式(5.6.7)说明，当 $\tau \ll T$，而且空气阻尼忽略，又不存在电磁阻尼时，流过电流计的电量 q 与偏转刻度成正比。实际上摩擦阻尼是不可避免的，因而线圈的摆动幅度逐渐减小。为了使式(5.6.7)成立，其中 d 应是线圈第一次偏转到最大角度时所对应的光斑偏转距离，这个最大偏转角称为冲掷角。

根据式(5.6.7)，当测量了电流计的常数 K 后，就可由偏转距离 d 的数值求出被测电量 q，通常是用已知电容的放电来测得该冲击常数 K。

【实验内容】

1. 仪器调节

（1）调节光源，使光照射到 45° 反射镜，反射光照到电流计的小反光镜上再反射回 45° 反射镜，最后反射光落在标尺上。

（2）当光斑不清晰时，可调节光源镜头位置；当光斑上的叉丝不平行于标尺刻度线时，可旋转光源的镜头调节。

2. 测定冲击电流计的冲击常数

（1）按图 5.23 接线（经教师检查后再通电做实验），S_1 为电源开关，S_2 为双向开关，S_3 为阻尼开关。线圈摆动后不能立即停止在零点，还要来回摆动，为使其迅速停止在零点，以便进行下一次测量，当光斑摆到零点（或开始位置）附近时反复接通和断开 S_3，可使线圈尽快停止摆动。

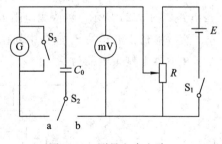

图 5.23　测量电容电路

（2）电容器正向充电过程：接通电源开关 S_1，调节电阻使电压在 300 mV 左右，记下电压数值，将 S_2 掷到 a，对电容器充电约 1 min，然后将 S_2 迅速由 a 掷到 b，电容器对冲击电流计放电，记录下标尺上光斑的最大偏转读数 d_1（估计到毫米数并注意修正零读数）。

（3）电容器反向充电过程：电压仍保持在正向充电时的值，只改变对电容器充电的方向充电约 1 min，将 S_2 由 a 迅速掷向 b，电容器放电，记下此时标尺上光斑的最大偏转读数 d_2。

注意：电容器正反向放电时，标尺上的读数差须小于 10 mm，即 $|d_1 - d_2| < 10$ mm，否则重做。

（4）根据公式 $K = q/d$ 及电容器公式 $q = C_0 U$，得 $K = C_0 U/d$，由此式可求出电流计的冲击常数 K 的值。其中，C_0 为已知电容器的电容值，U 为对电容器充电的电压值，d 为电容器正反向放电时标尺上光斑的最大偏转读数的平均值。

3. 测定电容器的电容

（1）用电容器 C_{x1} 代替 C_0，依照上述实验步骤做此实验（调整电压，以便在放电时标尺上的光斑能偏移 20 cm 左右），求出标尺上光斑偏转读数 d 的平均值，由公式 $C = Kd/U$ 可求出待测电容器的电容值，式中，K 为上述实验中求出的冲击电流计的冲击常数，U 为电容器的充电电压。可用同样的方法测出 C_{x2}。

（2）将 C_{x1} 与 C_{x2} 并联接入电路中，调节电压，重复上述实验过程（仍要使标尺上光斑的最大偏转读数在 20 cm 左右），由测量结果求出光斑最大偏转读数的平均值，并用公式计算并联电容器的等效电容。

（3）将 C_{x1} 与 C_{x2} 串联接入电路中，调节电压，重复上述实验过程（仍要使标尺上光斑的最大偏转读数在 20 cm 左右），由测量结果求出光斑最大偏转读数的平均值，并用公式计算串联电容器的等效电容。

4. 用冲击电流计测量高电阻

测量原理简介：高电阻一般是指阻值在 10^6 Ω 以上的电阻，其阻值可用冲击法测量。测量电路如图 5.24 所示，将待测电阻 R_x 与一标准电容 C_0 并联，先将电容充电，使其电量为 q_0，然后将充放电开关 S_3 放在中间位置，电容器将通过高电阻放电，经过一定时间间隔 t 后，电容器上剩余电荷为

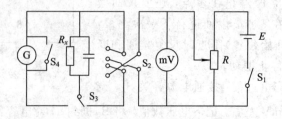

图 5.24　测量高阻电路图

$$q = q_0 e^{-\frac{t}{R_x C_0}} \tag{5.6.8}$$

对式(5.6.8)两边取对数，可得

$$R_x = \frac{t}{C_0 \ln(q_0/q)} \tag{5.6.9}$$

已知 $q_0/q = d_0/d$，则式(5.6.9)可写成

$$R_x = \frac{t}{C_0 \ln(d_0/d)} \tag{5.6.10}$$

$$\ln d = -\frac{1}{C_0 R_x} t + \ln d_0 \tag{5.6.11}$$

式中：d 与 d_0 分别为 q 和 q_0 通过冲击电流计所引起的标尺上光斑的最大偏转读数。$\tau = C_0 R_x$，使放电时间在 $0 \sim \tau$ 间均匀取值，测出对应的 d，作 $\ln d - t$ 图，得到一条直线，其截距 $K_1 = \ln d_0$，斜率 $K_2 = -\dfrac{1}{R_x C_0}$，由 K_2 和 C_0 值可以算出高电阻 R_x。

 思考与分析

　　冲击电流计是物理实验中用来测量电路短时间内脉冲电流所迁移的电量及电容、电感、高电阻、磁感应强度的仪器。本实验利用冲击电流计测量电容和高电阻，这也是目前实验室常见的测量电容和高电阻的方法。学生首先应该了解冲击电流计的工作原理，并且掌握多种测量电阻和电感的方法也是必要的。学生可在此实验基础上进一步探索冲击电流计的应用范围，考虑是否可以利用冲击电流计测量其他物理量。

第6章　应用特色的大学物理实验项目简析

本章介绍几个在科研或企业中常见的实验项目。这几个实验项目相对经典物理实验较复杂，实验仪器也比较先进，学生通过这些实验既可以了解科技前沿，也可以了解相关企业所需求的技术，并且可以通过这些实验训练学生的综合实践能力，从而提升学生的创新能力。

6.1　热电效应实验

所谓热电效应，是指受热物体中的电子(空穴)随着温度梯度由高温区往低温区移动时，所产生的电流或电荷堆积的一种现象。而这个效应的大小则用称为 thermopower(Q) 的参数来测量，其定义为 $Q=E/(-dT)$(E 为因电荷堆积产生的电场，dT 则是温度梯度)。

【实验目的】

(1) 了解塞贝克效应、帕尔帖效应、汤姆逊效应这三个基本热电效应。

(2) 了解并观察半导体的温差发电现象及利用。

(3) 了解测量塞贝克系数原理。

(4) 测定不同金属材料的塞贝克系数。

【实验原理】

1. 测定不同材料的塞贝克系数

当 A、B 两种材料构成的回路的两结点 a、b 存在温度梯度时，会在两结点间产生相应大小及方向的热电势差 U，这种现象称作塞贝克效应。衡量热电势大小的参量是塞贝克系数 S，其定义是两结点间电势差 U 与温度差 T 之比，即 $S=U/T$。一般来说，在大的温差范围内，塞贝克系数不是恒定的；但在小的温差范围内，塞贝克系数的变化可以忽略，误差电动势与温差保持很好的线性关系。

在本实验的温差范围内，直接使用测量得到的温差电动势与对应温差的比值来计算塞贝克系数。塞贝克系数的大小取决于构成热电偶的一对材料(实际是热电偶的塞贝克系数)，为了使用方便，首先需要知道各种材料自身的塞贝克系数。前面提到，纯铜的塞贝克系数约为 2 μV/K，因此用铜(作为图 6.1 中的材料)与某材料构成热电偶，所测热电偶的塞贝克系数可以近似为该材料的塞贝克系数。本实验以铜作为电极。

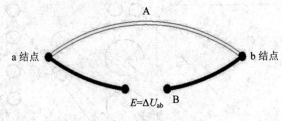

图 6.1　塞贝克效应示意图

2. 热电效应观察及利用

热电效应的应用主要是热电发电和热电制冷。热电发电是塞贝克效应的应用，热电制冷是帕尔贴效应的应用。由于金属中价电子的密度与温度无关，其运动速度随温度升高而增大不显著，产生的温差电动势很小，因此一百多年来除了把金属热电偶用于温度测量外，热电效应在技术上没有得到实际应用。自 20 世纪 50 年代以后，半导体材料的出现才使得热电发电和热电制冷进入实用阶段。

本实验通过碲化铋(BiTe)半导体器件的塞贝克效应，观察其热电势随冷、热面温差变化的规律，利用其产生的电能驱动 LED 灯泡发光。如果将此器件反过来用，对其通以电流，该器件一个端面会吸收热量而制冷。

【实验仪器】

本实验所用仪器主要有热电效应应用实验仪(包括主机和测量平台)，如图 6.2 所示。图中各序号的含义如下：

1—多功能触摸显示屏。

2—Seebeck，金属试样温差电势输入插孔。

3—热端调节，调节热电发电模块或金属试样热端加热器电压，电压调节范围为 0~12 V。

4—冷端调节，调节热电发电模块冷端散热风扇电压，电压调节范围为 0~12 V。

5—金属试样热端温度传感器信号输入插座。

6—金属试样冷端温度传感器信号输入插座。

7—热电输入，热电发电模块温差电动势输入插孔。

8—热电输出，热电发电模块温差电动势输出的 LED 灯泡。

9—热端输出，热电发电模块或金属试样热端加热器电压输出插孔。

10—冷端输出，热电发电模块冷端散热风扇电压输出插孔。

11—热端，热电发电模块热端加热器电源输入插孔，做热电发电实验时与主机上的"9"连接。

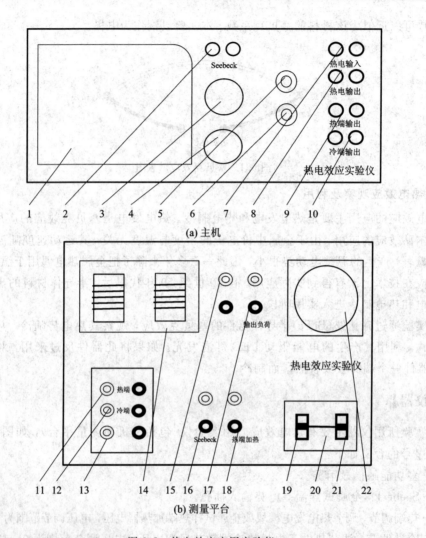

(a) 主机

(b) 测量平台

图 6.2　热电效应应用实验仪

12—冷端，热电发电模块散热风扇电源输入插孔，与主机上的"10"连接。

13—温差热电，热电发电模块温差电动势输出插孔，与主机上的"7"连接。

14—热电发电模块由两块碲化铋半导体制冷器件串联而成。

15—保留。

16—Seebeck，金属试样温差电动势输出插孔，与主机上的"2"连接。

17—输出负载，LED灯泡的电源插孔，与主机上的"8"连接。

18—热端加热，金属试样热端加热器电源输入插孔，测金属材料塞贝克系数时与主机上的"9"连接。

19—金属试样热端结点座，夹被测试样，用铜制作，其左侧的温度传感器与主机上的"5"连接。

20—被测金属试样。

21—金属试样热端结点座，夹被测试样，用铜制作，其右侧的温度传感器与主机上的"6"连接。

22—LED 灯泡，作为热电能的负载，演示热电效应的应用。

【实验内容】

1. 仪器连接

按图 6.3 所示连接仪器。

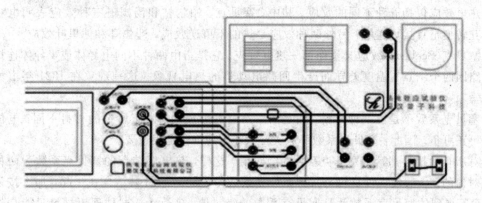

图 6.3　仪器连接图

2. 温差发电实验步骤

（1）按图 6.3 连接好线路，并确保无明显短路或误接。

（2）在主机屏幕上点击"温差发电实验"按钮，进入温差发电实验界面。

（3）调节主机面板上的热端调节旋钮，增加热端电压输出；调节冷端调节旋钮，增加冷端电压输出，增大冷端散热风量。

（4）热端、冷端工作一段时间后，热电电压出现读数，当热电电压大于 1.8 V 时，负载灯泡点亮。

（5）分别调节热端电压、冷端电压的大小，观察对热电电压输出的影响，记录观察到的现象。

3. Seebeck 系数测试实验

每台仪器提供了康铜（铜镍合金）、铁丝等至少两种样品，通过热电效应的测量区分判断所用何种样品。

（1）将主机"热端输出"（图 6.2 中标注"9"）的正、负端分别连线接至测量平台"热端加热"（图 6.2 中标注"18"）的红、黑两孔，其余连线如图 6.3 所示，并确保无明显短路或误接。

（2）仪器主屏幕上选择"热电系数实验"按钮，进入 Seebeck 系数实验界面。

（3）将待测样品装至样品架上，并保证两端接触良好。

（4）调节仪器主面板上的热端调节旋钮，增加热端电压输出（一般建议不超过 5 V）。

（5）每次改变热端调节旋钮后，等待温度稳定，记录温差热电势及温度数据。

（6）整理数据，计算平均 Seebeck 系数值。

 思考与分析

热电效应包括五种不同的效应。其中，塞贝克、帕尔帖和汤姆逊三种效应表明电和热能相互转换是直接可逆的；另外两种效应是热的不可逆效应，即焦耳和傅里叶效应。

塞贝克（Seebeck）效应又称作第一热电效应。它是指由两种不同电导体或半导体连接成的回路因两个结点有温度差异而产生回路电动势的热电现象。这一现象在 1821 年由德国物理学家塞贝克发现。

塞贝克系数不是由一种材料，而是由一对材料形成的。由于所选的材料不同，电位的变化可正可负。因此，塞贝克系数不只关注大小，其符号也很重要。

对所有的材料都赋以塞贝克系数的绝对值。这样，热电偶结点的塞贝克系数为两种材料绝对值的差。假设一种材料与某种塞贝克系数为零的理想材料结合在一起，那么按公式 $S=U/T$ 得到的塞贝克系数就是塞贝克系数的绝对值。实际上，这种理想材料只能是处在极低温度下的超导体。对铜在这样极低的温度下进行测量并用外延法推算到室温，得到室温下铜的绝对塞贝克系数约为 $2\,\mu\text{V/K}$。由于这个数值在一般测量的误差范围内，因此通常都以铜作为其中一种材料形成热电偶来测量其他材料，把所得的结果作为该材料的绝对塞贝克系数。

对塞贝克效应的进一步研究发现，温差电动势由体积电动势和接触电动势两部分组成。接触电动势是两种材料在结点界面因自由电子浓度不同，由扩散作用导致界面电荷分布而产生的电动势。体积电动势是任何两端存在温差的导电材料内部产生的电动势，在物理学中又称为汤姆逊电动势，由汤姆逊效应产生。

帕尔帖效应称作热电第二效应，两种不同的金属构成闭合回路，当回路中存在直流电流时，两个接头之间将产生温差，这就是帕尔帖效应（Peltier effect）。帕尔帖效应可以视为塞贝克效应的逆效应。电荷载体在导体中运动形成电流。由于电荷载体在不同的材料中处于不同的能级，当它从高能级向低能级运动时，便释放出多余的能量；相反，当它从低能级向高能级运动时，从外界吸收能量。能量在两材料的交界面处以热的形式吸收或放出。

继塞贝克效应和帕尔帖效应之后的第三个热电效应为汤姆逊效应。汤姆逊效应是指当一根金属棒的两端温度不同时，金属棒两端会形成电势差，如果在其中通以电流，金属棒会吸收或放出热量。金属中的温度不均匀时，温度高处的自由电子比温度低处的自由电子动能大。像气体一样，当温度不均匀时气体会产生热扩散，因此自由电子从温度高端向温度低端扩散，在低温端堆积起来，从而在导体内形成电场，两端便形成电势差。这种自由电子的扩散作用一直进行到电场力对电子的作用与电子的热扩散平衡为止。如果有电流沿导体内的电场方向，那么电场对电荷做功消耗能量，导体以降低温度从周围吸热的方式补充消耗的能量。当电流反向时，电荷克服电场做功，导体温度升高，向周围放出热量。从而可由实验得出吸收或放出的热量值。

6.2　扫描隧道显微镜

1982 年，IBM 公司苏黎世实验室的 G. Binnig 和 H. Rohrer 发明了世界上第一台扫描隧道显微镜(STM)。利用 STM，人类有史以来第一次在实空间观察到了原子的晶格结构图像，为此，其研制者在 1986 年获得了诺贝尔物理学奖。在 STM 的基础上，后来又发展出原子力显微镜(AFM)、光子扫描隧道显微镜(PSTM)、扫描近场光学显微镜(SNOM)、静电力显微镜(EFM)、磁力显微镜(MFM)、扫描离子电导显微镜(SICM)等仪器，形成了一个扫描探针显微镜(SPM)家族。STM 和 AFM 等仪器的问世，为人类认识超微观世界的奥秘提供了有力的观察和研究工具，这些仪器已经在物理学、高分子化学、材料科学、光电子学、生命科学和微电子技术等领域中得到了广泛应用。

【实验目的】

(1) 学习和了解扫描隧道显微镜的原理和结构。

(2) 学习扫描隧道显微镜的操作和调试过程。

【实验原理】

在经典理论中，动能只能取非负值，因此一个粒子的势能要大于它的总能量是不可能的。但在量子理论中，若势能有限，且 $V(r) > E$，则 Shrödinger 方程为

$$\left[-\frac{\hbar^2}{2m}\nabla^2 + V(r) \right]\varphi(r) = E(r)\varphi(r) \tag{6.2.1}$$

其解不为零，即一个入射粒子穿透一个 $V(r) > E$ 的有限区域的概率是非零的，这称为隧道效应。设 φ_0 为势垒的高度，E 为粒子的能量，则粒子穿透厚度为 z 的概率为

$$P(z) \propto e^{-2kz} \tag{6.2.2}$$

其中，$k=\dfrac{1}{h}\sqrt{2m(\varphi_0-E)}$。

STM 技术就是建立在量子隧道效应基础之上的，它通过利用尖锐的金属针尖与导体样品之间的隧道电流来描述样品的局部信息。隧道电流 I 与针尖-样品之间的距离 s 和平均功函数 Φ 之间的关系为

$$I \propto U_b \exp(-A\Phi^{\frac{1}{2}}S) \tag{6.2.3}$$

其中，U_b 为针尖与样品之间的偏置电压，平均功函数 $\Phi=\dfrac{1}{2}(\Phi_1+\Phi_2)$，$\Phi_1$ 和 Φ_2 分别为针尖和样品的功函数，A 为常数，真空时约为 1。

扫描探针一般为直径小于 1 μm 的金属丝，如钨丝等，其扫描电流大小对针尖与样品之间的距离非常敏感，因此探针被固定在一个由压电陶瓷制成的三维 (x, y, z) 扫描架上，通过改变三个方向的电压就可控制探针与样品之间距离的微小变化。

根据扫描时隧道电流与 z 方向陶瓷电压之间的反馈方式不同，STM 探针的工作方式可分为恒流和恒高两种模式。所谓恒流模式，是指扫描时探针与样品之间的隧道电流不变，通过反馈探针与样品之间的距离的变化来获得样品表面的信息，适合于表面起伏大的样品；而恒高模式，则是在扫描过程中探针与样品之间的距离保持不变，通过反馈探针与样品之间隧道电流的变化来获得样品表面的信息，若扫描速度快，则可减少噪声和热漂移对信号的影响，但不适合于扫描表面起伏大于 1 mm 的样品。本实验采用的扫描模式是恒流模式。

【实验仪器】

本实验所用仪器有：STM。

1. STM 的结构

STM 主要由减震系统、扫描架和控制单元组成，其原理如图 6.4 所示。

1) 减震系统

减震系统用于排除振动、冲击和声波等对扫描信号的干扰，本实验采用的是多级减震系统。

（1）用于隔离低频信号的低频减震弹簧由四根共振频率约为 1 Hz、阻尼系数小、长度约为 30 cm 的弹簧悬挂组成。

（2）玻璃真空罩用于隔离声波的干扰。

（3）在 STM 的底盘上有加氟橡胶条，使系统的减震能力进一步加强。

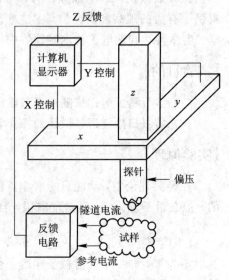

图 6.4　STM 原理图

2）扫描架

扫描架由一对压电陶瓷杆(x、y 方向)和 z 方向的陶瓷管支撑的牢固结构组成。x、y 方向的压电陶瓷杆材料、压电系数及长度都一样，z 方向的压电陶瓷管有较大的压电系数和较大的固有频率，使其具有较大的控制范围。

3）控制单元

STM 的控制单元由一台 PC 机和电子学单元组成，它们之间通过一块 8255 接口卡连接，电子学单元又分为工作电源和隧道电流反馈控制与采集两部分。前一部分提供 X、Y 扫描电压和 Z 高压，后一部分则包括样品偏压、马达驱动、隧道电流的控制与采集的模/数转换等。出于安全考虑，STM 的反馈回路由纯电子学器件组成，而不让计算机介入。

2. 用化学方法制备 STM 针尖

如果针尖上只有一个或两个原子，原则上就能获得原子级的分辨率，因为隧穿概率随厚度迅速衰减，所以针尖的锐度、形状和化学纯度直接影响着 STM 的扫描效果和分辨率。本实验用直径为 0.5 mm 的钨丝通过电化学腐蚀的方法制备 STM 针尖，其化学反应式为

$$阳极：6H_2O+6e^- \rightarrow 3H_2 \uparrow + 6OH^-$$
$$阴极：W+8OH^- \rightarrow WO_4^{2-} + 4H_2O + 6e^-$$

(6.2.4)

制备过程中，钨丝的一端插入到电解液中时，溶液表面的表面张力使得钨丝周围形成一个弯曲的液面，此处的钨丝溶解较快，逐步细化，最终形成针尖。弯曲液面越短，形成针尖的纵横比越小。要注意控制弯曲液面的变化，使得针尖具有较小的纵横比，此时插入到液面以下的钨丝长度以 2 mm 为宜，本实验用 1 mol/L 和 5 mol/L 的 NaOH 为电解液，温度为室温。

【实验内容】

1. 实验具体内容

(1) 用上面介绍的化学腐蚀的方法制备三到四根 STM 的针尖。

(2) 用旧针尖调节实验中所需要的针尖高度，直到针尖距样品表面为 0.5～1.0 mm 之间，再以此为参考，装上制备好的新针尖，在装针尖的过程中要注意关闭电子控制系统。

(3) 装好针尖后，运行 STM 系统控制软件，设隧道电流和偏置电压分别为 1 nA 和 1.1 V。先进行自动进针，系统报警后进行手动进针，直到符合扫描要求为止，再对石墨样品表面进行扫描，采集石墨样品表面图像数据后进行处理，并根据石墨样品的晶格参数计算 STM 系统 x 和 y 方向电压陶瓷的电压灵敏度。

2. 灵敏度的估算

STM 系统对石墨样品表面进行扫描所得图像进行去噪声和增强对比度处理后所得图

像比较模糊，扫描的效果也不是很好，只能依照标准给定图像分析并估算出 x、y 方向压电陶瓷的电压灵敏度。石墨的晶格结构如图 6.5 所示，晶格常数为 $a = 1.42$ Å，在同一层面中相隔一个原子的两个原子的间距为 2.46 Å，沿 x 方向斜向上方排列着 10 排原子，并且有一些额外的空间，可设沿垂直于原子排列方向一共有 9 个间隔原子空间，两排原子之垂线与 x 轴的夹角经测量约为 30°，结合原子排列的结构不难估算出 STM 图像 x 方向的宽度为 $9 \times 1.23 \div \cos 30°$ Å $= 12.78$ Å，又因 x 方向的扫描电压

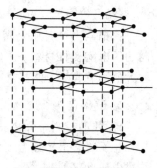

图 6.5 石墨的晶格结构

为 1.1 V，由此可估算出 x 方向的灵敏度约为 $12.78 \div 1.1 = 11.62$ Å/V；y 方向扫描电压也是 1.1 V，并且扫描图像是方形的，y 方向的灵敏度也是 11.62 Å/V。

3. 结果分析

因为实验的扫描效果并不是很理想，所以图像不是很清晰。这与扫描过程中的众多因素有关，如外界信号的干扰、扫描参数的设置和真空度等，其中影响最大的就是针尖纵横比和尖锐程度及石墨样品表面的光滑程度。在扫描过程中可以看出，隧道电流一定的情况下，扫描控制电压不是很稳定，这很可能是由针尖的尖锐程度及针尖的形状不理想及石墨样品表面的不光滑造成的。

扫描隧道显微镜是用针尖去探测样品表面结构的形貌，是以表面的凹凸感受针尖击穿空气的电流的大小来换算反映出样品的凹凸程度的，从而在计算机中拟合出样品的表面形貌。针尖的尖锐程度直接影响了探测的精确度，针尖越尖，所扫描的区域越精细，越能够准确地反映出样品的细微形貌。当针尖不尖时，要及时进行更换，更换时要注意关掉高压电源，不要触碰到压电陶瓷；当针尖长度足够时，只要将针尖剪尖即可；当针尖长度不够时，则必须要更换针尖。实验发现信号放大器里装有电池，当电池接触不良或者电量快要耗尽的时候，调节针尖与样品的距离则得不到电压的变化。所以，当实验看不到电压突变时，可检查此项。对于得到的图像的处理与分析，由计算机上的相应软件可以得到不同衬度、分辨率、颜色等的图样，这便于我们对样品形貌进行分析。

 思考与分析

STM 可广泛应用于表面物理的研究领域。晶体表面是许多有趣现象的所在地，在一定的物理条件下，表面具有不同于晶体简单端面的结构，如许多表面的低能电子衍射表明它们往往有超格子结构变种。由于表面趋向具有最小的自由能，故常引起外层结构的简单变形或者是几层深度结构的变形。原子重新排列以后就不同于整体的结构，称之为表面重建

结构。采用扫描隧道显微镜与低能电子衍射相结合是研究表面重构的有效手段。

　　STM 除了用于表面重构的研究以外，还可用于研究表面的水貌；揭示氧化及离子腐蚀后样品表面的粗糙度；进行表面电子分布的拓扑学研究；根据隧道电子效应对比在室温和临界温度以下导体的表面电子结构，进行超导状态的详细研究。最近 STM 又引入到生物学的研究中，已拍摄到十分清晰的 DNA 双螺旋分子的表面图像。由于 STM 可以在水溶液条件下工作，工作中不破坏样品并且可以快速成像，因此人们期望能借助此技术实时地进行生命科学的研究。

6.3　气体放电中等离子体的分析

　　干燥气体通常是良好的绝缘体，但当气体中存在自由带电粒子时，它就会变为电的导体。这时如果在气体中安置两个电极并加上电压，就有电流通过气体，这种现象称为气体放电。依气体压力、施加电压、电极形状、电源频率的不同，气体放电有多种形式。

【实验目的】

　　(1) 了解气体放电中等离子体的特性。

　　(2) 利用等离子体诊断技术测定等离子体的一些基本参量。

【实验仪器】

　　本实验所用仪器有：等离子体物理实验组合仪(以下简称组合仪)，接线板和等离子体放电管。放电管的阳极和阴极由不锈钢片制成，管内充汞或氩。

【实验原理】

1. 等离子体及其物理特性

等离子体具有一系列不同于普通气体的特性：

(1) 高度电离，是电和热的良导体，具有比普通气体大几百倍的比热容。

(2) 带正电和带负电的粒子密度几乎相等。

(3) 宏观上是电中性的。

2. 等离子体的主要参量

描述等离子体的一些主要参量如下：

(1) 电子温度 T_e。它是等离子体的一个主要参量，因为在等离子体中电子碰撞电离是主要的，而电子碰撞电离与电子的能量有直接关系，即与电子温度相关联。

(2) 带电粒子密度。电子密度为 n_e，正离子密度为 n_i，在等离子体中 $n_e \approx n_i$。

（3）轴向电场强度 E_L。表征为维持等离子体的存在所需的能量。

（4）电子平均动能 E_e。

（5）空间电位分布。

3. 稀薄气体产生的辉光放电

本实验研究的是辉光放电等离子体。

辉光放电是气体导电的一种形态。当放电管内的压强保持在 $10 \sim 10^2$ Pa 时，在两电极上加高电压，就能观察到管内有放电现象。辉光分为明暗相间的 8 个区域。8 个区域（见图6.6 中的 1～8）的名称为：阿斯顿区、阴极辉区、阴极暗区、负辉区、法拉第暗区、正辉区（正辉柱）、阳极暗区、阴极辉区。

如图 6.6 所示，其中正辉区是我们感兴趣的等离子区，其特征是：气体高度电离；电场强度很小，且沿轴向有恒定值。这使得其中带电粒子的无规则热运动胜过它们的定向运动。所以它们基本上遵从麦克斯韦速度分布律，由其具体分布可得到一个相应的温度，即电子温度。但是，由于电子质量小，它在跟离子或原子做弹性碰撞时能量损失很小，因此电子的平均动能比其他粒子的大得多。这是一种非平衡状态。因此，虽然电子温度很高（约为105 K），但放电气体的整体温度并不明显升高，放电管的玻璃壁也并不会软化。

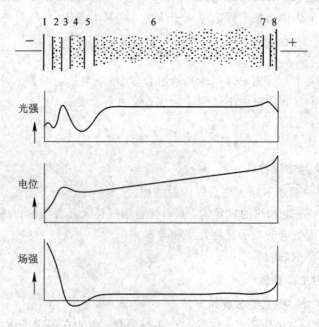

图 6.6　等离子体电离的光强、电位、场强曲线

4. 等离子体诊断

测试等离子体的方法称为诊断。等离子体诊断方法有探针法、霍尔效应法、微波法、光谱法等。本次实验中采用的是探针法，分为单探针法和双探针法。

（1）单探针法。

单探针法实验电路如图 6.7 所示。

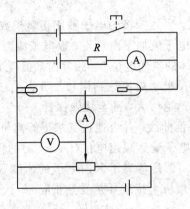

图 6.7　单探针法实验电路图

探针是封入等离子体中的一个小的金属电极（其形状可以是平板形、圆柱形、球形），以放电管的阳极或阴极作为参考点，改变探针电位，测出相应的探针电流，得到探针电流与其电位之间的关系，即探针伏安特性曲线（U-I 关系曲线），如图 6.8 所示。

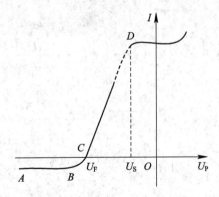

图 6.8　U-I 关系曲线

图 6.8 中，在 AB 段，探针的负电位很大，电子受负电位的排斥，而速度很慢的正离子被吸向探针，在探针周围形成正离子构成的空间电荷层，它将探针电场屏蔽起来。等离子区中的正离子只能靠热运动穿过鞘层抵达探针，形成探针电流，所以 AB 段为正离子流，这

个电流很小。

过了 B 点，随着探针负电位减小，电场对电子的拒斥作用也逐渐减弱，一些速度很快的电子能够克服电场拒斥作用，抵达探极，这些电子形成的电流抵消了部分正离子流，使探针电流逐渐下降，所以 BC 段为正离子流加电子流。

到了 C 点，电子流正好等于正离子流，互相抵消，使探针电流为零。此时探针电位就是悬浮电位 U_F。

继续减小探极电位绝对值，到达探极的电子数比正离子数多得多，探极电流转为正向，并且迅速增大，所以 CD 段为电子流加正离子流，以电子流为主。

当探极电位 U_P 和等离子体的空间电位 U_S 相等时，正离子鞘消失，全部电子都能到达探极，这对应于曲线上的 D 点，此后电流达到饱和。如果 U_P 进一步升高，那么探极周围的气体也被电离，探极电流又会迅速增大，甚至烧毁探针。

由单探针法可得到伏安特性曲线，并可通过其求得等离子体的一些主要参量。

对于曲线的 CD 段，由于电子受到减速电位(U_P-U_S)的作用，只有能量比 $e(U_P-U_S)$ 大的那部分电子能够到达探针。假定等离子区内电子的速度服从麦克斯韦分布，则减速电场中靠近探针表面处的电子密度 n_e，按玻耳兹曼分布应为

$$n_e = n_0 \exp\left[\frac{e(U_P-U_S)}{kT_e}\right]$$

式中：n_0 为等离子区中的电子密度，T_e 为等离子区中的电子温度，k 为玻耳兹曼常量。当电子平均速度为 $\bar{v}_e$ 时，在单位时间内落到表面积为 S 的探针上的电子数为

$$N_e = \frac{1}{4} n_e \bar{v}_e S$$

得探针上的电子电流为

$$I = N_e \cdot e = \frac{1}{4} n_e \bar{v} \cdot S \cdot e = I_0 \exp\left[\frac{e(U_P-U_S)}{kT_e}\right]$$

其中，

$$I_0 = \frac{1}{4} n_0 \bar{v}_e \cdot S \cdot e$$

对上式两边取对数，则有

$$\ln I = \ln I_0 - \frac{eU_S}{kT_e} + \frac{eU_P}{kT_e}$$

其中，

$$\ln I_0 - \frac{eU_S}{kT_e} = 常数$$

故

$$\ln I = \frac{eU_P}{kT_e} + 常数$$

由上述分析可见，电子电流的对数和探针电位呈线性关系。

作 $\ln I$ 和 U 的关系曲线，如图 6.9 所示，直线部分的

斜率 $\tan\phi$ 可决定电子温度 T_e：

$$\tan\phi = \frac{\ln I}{U_P} = \frac{e}{kT_e}$$

$$T_e = \frac{e}{k\tan\phi} = \frac{11600}{\tan\phi}(\text{K})$$

电子平均动能 $\overline{E}_e$ 和平均速度 $\overline{v}_e$ 分别为

$$\overline{E}_e = \frac{3}{2}kT$$

$$\overline{v}_e = \sqrt{\frac{8kT_e}{\pi m_e}}$$

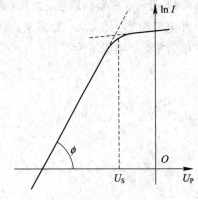

图 6.9　$\ln I$ 和 U 关系曲线

式中：m_e 为电子质量。

由公式 $I_0 = \frac{1}{4}n_0\overline{v}_e \cdot S \cdot e(n_0 = n_e)$ 可求得等离子区中的电子密度为

$$n_e = \frac{4I_0}{eSv_e} = \frac{I_0}{eS}\sqrt{\frac{2\pi m_e}{kT_e}}$$

式中：I_0 为 $U_P = U_S$ 时的电子电流，S 为探针裸露在等离子区中的表面面积。

（2）双探针法。

双探针法实验电路如图 6.10 所示。

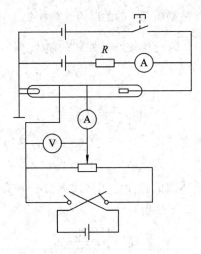

图 6.10　双探针法实验电路图

双探针法是在放电管中装两根探针,相隔一段距离 L。双探针法的伏安特性曲线如图 6.11 所示。在坐标原点,如果两根探针之间没有电位差,它们各自得到的电流相等,所以外电流为零。然而,一般说来,由于两个探针所在的等离子体电位稍有不同,因此当外加电压为零时,电流不为零。

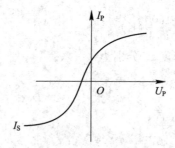

图 6.11　双探针法伏安特性曲线

随着外加电压逐步增加,电流趋于饱和。最大电流是饱和离子电流 I_{S1}、I_{S2}。

双探针法有一个重要的优点,即流到系统的总电流绝不可能大于饱和离子电流。这是因为流到系统的电子电流总是与相等的离子电流平衡,从而探针对等离子体的干扰大为减小。由双探针法伏安特性曲线,通过下式可求得电子温度 T_e:

$$T_e = \frac{e}{k} \frac{I_{i1} \cdot I_{i2}}{I_{i1} + I_{i2}} \cdot \frac{dU}{dI}\bigg|_{U=0}$$

式中:e 为电子电荷,k 为玻耳兹曼常量,I_{i1}、I_{i2} 为流到探针 1 和 2 的正离子电流,它们由饱和离子流确定。$\dfrac{dU}{dI}\bigg|_{U=0}$ 是 $U=0$ 附近伏安特性曲线的斜率。

电子密度 n_e 为

$$n_e = \frac{2I_S}{eS} \sqrt{\frac{M}{kT_e}}$$

式中:M 是放电管所充气体的离子质量,S 是两根探针的平均表面面积,I_S 是正离子饱和电流。

由双探针法可测定等离子体内的轴向电场强度 E_L。一种方法是分别测定两根探针所在处的等离子体电位 U_1 和 U_2,由下式得

$$E_L = \frac{U_1 - U_2}{L}$$

另一种方法称为补偿法,其电路如图 6.12 所示。当电流表上的读数为零时,伏特表上的电位差除以探针间距 L,也可得到 E_L。

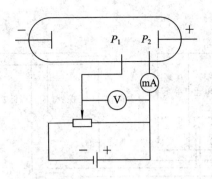

图 6.12　补偿法实验电路图

【实验内容】

1. 单探针法

本实验采用的是电脑化 X - Y 函数记录仪和等离子体实验辅助分析软件，测量伏安特性曲线，计算出等离子体参量。实验连线如图 6.13 所示。

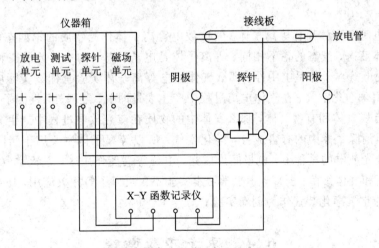

图 6.13　单探针法实验连线图

连好线路后接通电源，使放电管放电，将放电电流调到需要值，接通 X - Y 函数记录仪电源，选择合适的量程。在接线板上选择合适的取样电阻。运行电脑化 X - Y 函数记录仪数据采集软件，随着探针电位自动扫描，电脑自动描出 U - I 特性曲线，将数据保存。用等离子体实验辅助分析软件处理数据，求得电子温度等主要参量。

2. 双探针法

用自动记录法测出双探针伏安特性曲线，求 T_e 和 n_e。双探针法与单探针法相同，实验连线如图 6.14 所示。

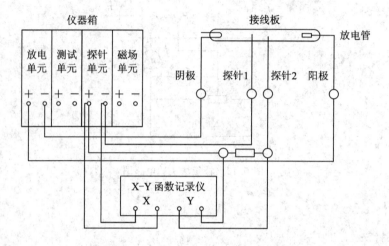

图 6.14 双探针法实验连线图

 思考与分析

气体放电等离子体简称等离子体。气体放电等离子体作为物质的第四态，其物理性质及规律与固体液态、气态的各不相同。等离子体是电子、离子和中性原子三种粒子组成的混合物，宏观上等离子体呈电中性。那么气体放电等离子体实验有什么实际应用呢？放电等离子体可用来净化空气，在气体电离过程中产生大量的氧、羟基、活性因子和自由基，如果气体中含有机气体和有害气体，那么气体中的物质在流光放电过程中产生分解和氧化作用，可有效地消除气体中的有害成分，净化空气。所以等离子体主要用于清除空气中的有害物质，在流光放电的过程中，电极间形成光、电磁等高能作用区，杀灭空气中的微生物，如螨虫、霉菌和气体细菌。所以，学生学习本实验不仅可以了解相关应用，还可以借鉴本实验设计简单的空气净化装置作为创新实验。

6.4 原子力显微镜

1982 年，IBM 公司苏黎世实验室的 G. Binnig 和 H. Rohrer 发明了世界上第一台扫描隧道显微镜 STM(scanning tunneling microscope)。它使人们第一次在实空间观察到了原子的晶格结构图像，但是必须是导电样品，才能使用 STM 进行观察。1986 年，Binnig、Quate和 Gerber 成功地制作了第一台原子力显微镜 AFM (atomic force microscope)，由于 AFM可测量针尖原子与样品表面原子极微弱的排斥力，并不产生隧道电流，因此可适用于导体和绝缘体样品，检测其表面结构的形貌。

【实验目的】

(1) 了解原子力显微镜工作原理。

(2) 基本掌握 AFM-Ⅱ型原子力显微镜的操作。

【实验仪器】

本实验所用仪器有：原子力显微镜仪和计算机(如图 6.15 所示)。

图 6.15　原子力显微镜实物图

AFM-Ⅱ型原子力显微镜由 AFM 主体、低压与高压控制机箱、高压电源、A/D 及 D/A 接口和计算机控制系统等部分组成。AFM 主体包括机、光、电三部分，由基座、微悬臂(微探针)、激光器、光路系统、PSD 接收器、XY 扫描控制器、Z 向反馈控制器、样品台、粗调和微调机构等构成。控制机箱包括前置放大器、PID 反馈控制电路、XY 扫描控制电路、多路高压放大电路、数字显示电路、低压电源等。高压电源输出+250 V 的直流电压，提供给高压放大电路，驱动压电陶瓷的扫描与反馈运动。计算机控制系统包括高速多通道 A/D 板，高速多通道 D/A 板、电压跟随与保护电路、数据采集软件和图像处理软件等。

AFM 力传感器是 AFM 的关键部件，力常数为 10^{-2} N/m~10^2 N/m，甚至可测出零点几纳牛顿(nN)的力的变化。力传感器通过微电子加工方法在 SiO_2 上沉积 Si_3N_4 薄膜制备"V"形微悬臂并利用其尖端作为探针尖。探测微悬臂的微偏转有多种方法。这里我们选用了光束偏转法，光束偏转可用位置灵敏探测器(PSD)来记录。

【实验原理】

1. AFM 基本原理

原子力显微镜的工作原理就是将探针装在一弹性微悬臂的一端，微悬臂的另一端固定，当探针在样品表面扫描时，探针与样品表面原子间的排斥力会使得微悬臂轻微变形，这样，微悬臂的轻微变形就可以作为探针和样品间排斥力的直接量度。一束激光经微悬臂的背面反射到光电检测器，可以精确测量微悬臂的微小变形，这样就实现了通过检测样品与探针之间的原子排斥力来反映样品表面形貌和其他表面结构。

原子力显微镜的系统可分成三个部分：力检测部分、位置检测部分、反馈系统，如图6.16所示。

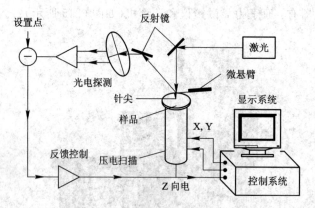

图 6.16　原子力显微镜系统图

1）力检测部分

在原子力显微镜系统中，所要检测的力是原子与原子之间的范德华力。使用微悬臂来检测原子之间力的变化量。如图 6.16 所示，微悬臂通常由一个一般 $100\sim500~\mu m$ 长和大约 $500~nm\sim5~\mu m$ 厚的硅片或氮化硅片制成。微悬臂顶端有一个尖锐针尖，用来检测样品-针尖间的相互作用力。

2）位置检测部分

在原子力显微镜系统中，当针尖与样品之间有了作用之后，会使得微悬臂摆动，所以当激光照射在微悬臂的末端时，其反射光的位置也会因为微悬臂摆动而有所改变，这就造成偏移量的产生。整个系统依靠激光光斑位置检测器将偏移量记录下并转换成电信号，以供 SPM 控制器作信号处理。聚焦到微悬臂上面的激光反射到激光位置检测器，通过对落在检测器四个象限的光强进行计算，可以得到由于表面形貌引起的微悬臂形变量大小，从而得到样品表面的不同信息。

3）反馈系统

在原子力显微镜系统中，将信号经由激光检测器取入之后，在反馈系统中会将此信号当作反馈信号，作为内部的调整信号，并驱使通常由压电陶瓷制作的扫描器做适当的移动，以使样品与针尖保持一定的作用力。

2. AFM 工作模式

AFM 的工作模式有三种：接触模式(contact mode)、非接触模式(noncontact mode) 和共振模式或敲击模式(tapping mode)。

1) 接触模式

从概念上来讲，接触模式是 AFM 最直接的成像模式。AFM 在整个扫描成像过程中，探针针尖始终与样品表面保持亲密的接触，相互作用力呈排斥力。扫描时，微悬臂施加在针尖上的力有可能破坏试样的表面结构，因此力的大小范围在 $10^{-10} \sim 10^{-6}$ N。若样品表面柔嫩而不能承受这样的力，便不宜选用接触模式对样品表面进行成像。

2) 非接触模式

在非接触模式探测试样表面时，微悬臂在距离试样表面上方 $5 \sim 10$ nm 的距离处振荡。这时，样品与针尖之间的相互作用由范德华力控制，通常为 $10 \sim 12$ N，这样样品不会被破坏，而且针尖也不会被污染，特别适合于研究柔嫩物体的表面。这种操作模式的不利之处在于要在室温大气环境下实现这种模式十分困难。因为样品表面不可避免地会积聚薄薄的一层水，它会在样品与针尖之间搭起一个小小的毛细桥，将针尖与表面吸在一起，从而增大尖端对表面的压力。

3) 敲击模式

在敲击模式中，一种恒定的驱使力使探针微悬臂以一定的频率振动。当针尖刚接触样品时，微悬臂振幅会减小到某一数值。在扫描过程中，反馈回路维持微悬臂振幅在这一数值恒定，亦即作用在样品上的力恒定，通过记录压电陶瓷管的移动得到样品表面形貌图。对于接触模式，探针和样品间的相互作用力会引起微悬臂发生形变，也就是说，微悬臂的形变可作为样品和针尖相互作用力的直接度量。同敲击模式，反馈系统保持针尖-样品作用力恒定从而得到样品表面形貌图。

原子力显微镜是用微小探针"摸索"样品表面来获得信息的，所以测得的图像是样品最表面的形貌，而没有深度信息。扫描过程中，探针在选定区域沿着样品表面逐行扫描。

实验中扫描的是光栅、纳米铜微粒以及纳米微粒，选用的是敲击模式。

敲击模式的优点：敲击模式可在一定程度上减小样品对针尖的黏滞现象，因为针尖与样品表面接触时，利用其振幅可克服针尖-样品间的黏附力，并且由于敲击模式作用力是垂直的，表面材料受横向摩擦力和剪切力的影响都比较小，可减少扫描过程中针尖对样品的损坏，所以对于较软以及黏性较大的样品，应选用敲击模式。

【实验内容】

1. 仪器开机

依次开启：计算机—控制机箱—高压电源—激光器。

先用粗调旋钮将样品逼近微探针至两者间距小于 1 mm，再用细调旋钮使样品逼近微探针，顺时针旋细调旋钮，直至光斑突然向 PSD 移动。

缓慢地逆时针调节细调旋钮并观察机箱上的反馈读数：Z 向反馈信号约稳定在 $-150\sim-250$（不单调增减即可），就可以开始扫描样品。

样品进给提供粗调和细调两种进给机构。先用粗调进给样品至约离探针 1 mm 左右，再用细调机构，一边缓慢进给样品，一边观察 PSD 位置光斑的变化，这时说明已接近进入反馈状态，接着观察反馈信号，更缓慢地进给样品，直至 PSD 信号显示为 1.600 左右，Z 向反馈信号在 $-200\sim-300$。注意，这时不能再移动粗调和细调进给机构。接下来的操作让计算机控制系统自动调整和保持样品与探针之间的间距。

2. 样品扫描

运行计算机扫描程序，根据需要设置扫描参数。单次扫描时间设定为 15 s 左右，进入扫读工作状态。

3. 图像显示与存储

扫描完毕后，先逆时针旋转细调旋钮，细调要调到底；再逆时针旋转粗调旋钮，直至下方平台伸出 1 cm 左右。扫描过程自动进行，图像以逐行显示的方式显示。在不改变扫描参数的情况下，扫描在同一区域循环重复进行。也可根据需要改变扫描区域和扫描范围。对于满意的图像，可随时将图像捕获存储。存储时，计算机自动保存图像信息和扫描参数信息。

4. 退出扫描

若已获得理想的图像，将不再另外扫描，可按"退出"键退出扫描程序，用细调进给机构缓慢退移样品，直到 Z 向反馈信号在 500 以上。

5. 仪器关机

当不再进行样品扫描实验时，依次关闭激光器电源、高压电源、机箱低压电源等。用配套软件对图像进行平面显示和立体显示可实现图像的裁剪、平滑、旋转、添加色彩、加注标尺等，并可调整图像的色调、对比度和亮度等。

 思考与分析

近代物理实验教学是大学生实践教学中的重要环节，它对于培养大学生的实践能力和创新能力有着不可替代的作用。近代实验教学模式多样、内容新颖、方法灵活，具有时代特征。学生应按照实验教材上的步骤去做，且用心预习之后才能完成实验。这在一定程度上提高了学生的主动性与积极性，激发了其独立思考的兴趣。原子力显微镜在材料化学学科领域有很多应用，学生对于原子力显微镜的了解和使用可以为将来的应用打好基础。

6.5　太阳能电池特性及应用实验

电池行业是 21 世纪的朝阳行业，发展前景十分广阔。在电池行业中，最没有污染、市场空间最大的应该是太阳能电池，太阳能电池的研究与开发越来越受到世界各国的广泛重视。照射在地球上的太阳能巨大，大约 40 分钟照射在地球上的太阳能便足以供全球人类一年的能量消费。可以说，太阳能是真正取之不尽、用之不竭的能源。而且太阳能发电干净，不产生公害。所以太阳能发电被誉为最理想的能源。从太阳能获得电力，需通过太阳能电池进行光电变换来实现。它同以往其他电源的发电原理不同，具有无枯竭危险，无污染，不受资源分布地域的限制等特点。

【实验目的】

（1）了解太阳能电池的工作原理。
（2）验证太阳能电池的伏安特性曲线。

【实验仪器】

本实验所用仪器有：太阳能电池应用实验装置，如图 6.17 所示，该装置由太阳能电池组件、实验仪和测试仪 3 部分组成。图 6.17(b)所示为测试仪。测试仪是为太阳能电池实验的基本型配套的，基本型与应用型共用一个测试仪。本实验只使用测试仪的电压表、电流表。

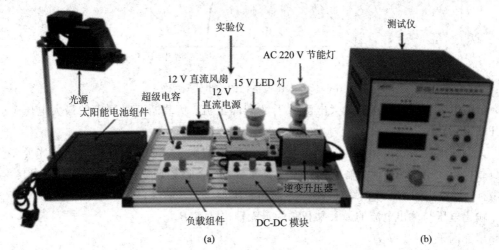

图 6.17　太阳能电池应用实验装置

【实验原理】

太阳能电池利用半导体 P－N 结受光照射时产生的光伏效应发电。P 型半导体中有相当数量的空穴，几乎没有自由电子。N 型半导体中有相当数量的自由电子，几乎没有空穴。当两种半导体结合在一起形成 P－N 结时，N 区的电子(带负电)向 P 区扩散，P 区的空穴(带正电)向 N 区扩散，在 P－N 结附近形成空间电荷区与势垒电场。势垒电场会使载流子向扩散的反方向作漂移运动，最终扩散与漂移达到平衡，使流过 P－N 结的净电流为零。在空间电荷区内，P 区的空穴被来自 N 区的电子复合，N 区的电子被来自 P 区的空穴复合，使该区内几乎没有能导电的载流子，又称为结区或耗尽区。

当太阳能电池受光照射时，部分电子被激发而产生电子-空穴对，在结区激发的电子和空穴分别被势垒电场推向 N 区和 P 区，使 N 区有过量的电子而带负电，P 区有过量的空穴而带正电，P－N 结两端形成电压，这就是光伏效应。如果将 P－N 结两端接入外电路，就可向负载输出电能。

在一定的光照条件下，改变太阳能电池负载电阻的大小，测量其输出电压与输出电流，得到输出伏安特性，如图 6.18 实线所示。

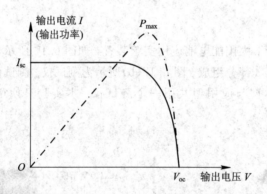

图 6.18　太阳能电池的输出伏安特性

负载电阻为零时测得的最大电流 I_{sc} 称为短路电流。负载断开时测得的最大电压 V_{oc} 称为开路电压。

太阳能电池的输出功率为输出电压与输出电流的乘积。对于同样的电池及光照条件，当负载电阻大小不一样时，输出的功率是不一样的。若以输出电压为横坐标，输出功率为纵坐标，则绘出的 P-V 曲线如图 6.18 点划线所示。

输出电压与输出电流的最大乘积称为最大输出功率 P_{max}。

填充因子 FF 定义为

$$\text{FF} = \frac{P_{max}}{V_{oc} \times I_{sc}}$$
(6.5.1)

　　填充因子是表征太阳能电池性能优劣的重要参数，其值越大，电池的光电转换效率越高，一般的硅太阳能电池的 FF 值在 $0.75\sim0.8$ 间。

　　转换效率 η_s 定义为

$$\eta_s(\%) = \frac{P_{\max}}{P_{\text{in}}} \times 100\% \tag{6.5.2}$$

其中，P_{in} 为入射到太阳能电池表面的光功率。

　　理论分析及实验表明，在不同的光照条件下，短路电流随入射光功率线性增长，而开路电压在入射光功率增加时只略微增加，如图 6.19 所示。

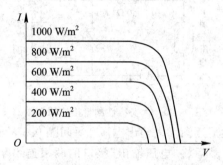

图 6.19　不同光照条件下的 $I-V$ 曲线

　　硅太阳能电池分为单晶硅太阳能电池、多晶硅薄膜太阳能电池和非晶硅薄膜太阳能电池三种。

　　单晶硅太阳能电池的光电转换效率最高，技术也最为成熟，其在实验室最高光电转换效率为 24.7%，工业规模生产时的光电转换效率可达 15%，在大规模应用和工业生产中占据主导地位。但由于单晶硅价格高，大幅度降低其成本很困难，因此为了节省硅材料，发展了多晶硅薄膜和非晶硅薄膜太阳能电池作为单晶硅太阳能电池的替代产品。

　　多晶硅薄膜与单晶硅太阳能电池相比，成本低廉，而光电转换效率又高于非晶硅薄膜太阳能电池，其实验室最高光电转换效率为 18%，工业规模生产时的光电转换效率可达 10%。因此，多晶硅薄膜太阳能电池可能在未来的太阳能电池市场上占据主导地位。

　　非晶硅薄膜太阳能电池成本低，质量轻，便于大规模生产，有极大的潜力。如果能进一步解决稳定性及提高转换率，无疑是太阳能电池的主要发展方向之一。

【实验内容】

　　(1) 硅太阳能电池的暗伏安特性测量。

　　暗伏安特性是指无光照射时，流经太阳能电池的电流与外加电压之间的关系。

　　太阳能电池的基本结构是一个大面积平面 P-N 结，单个太阳能电池单元的 P-N 结面积已远大于普通的二极管。在实际应用中，为得到所需的输出电流，通常将若干电池单元并联。为得到所需的输出电压，通常将若干已并联的电池组串连。因此，它的伏安特性虽类似普通二极管，但取决于太阳能电池的材料、结构及组成组件时的串并连关系。

本实验提供的组件是若干单元并联的。要求测试并画出单晶硅、多晶硅薄膜、非晶硅薄膜太阳能电池组件在无光照时的暗伏安特性曲线。

实验时用遮光罩罩住太阳能电池。测量接线原理如图 6.20 所示。将待测的太阳能电池接到测试仪上的"电压输出"接口，电阻箱调至 50 Ω 后串连进电路起保护作用，使用电压表测量太阳能电池两端电压，使用电流表测量回路中的电流。

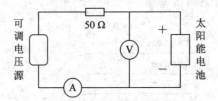

图 6.20　伏安特性测量接线原理图

将电压源调到 0 V，然后逐渐增大输出电压，每间隔 0.3 V 记录一次电流值。

将电压输入调到 0 V，然后将"电压输出"接口的两根连线互换，即给太阳能电池加上反向的电压。逐渐增大反向电压，记录电流随电压变换的数据。

以电压作横坐标、电流作纵坐标，根据以上测得的数据画出三种太阳能电池的伏安特性曲线。

讨论太阳能电池的暗伏安特性与一般二极管的伏安特性有何异同。

(2) 开路电压、短路电流与光强关系测量。

打开光源开关，预热 5 min。

打开遮光罩。将光强探头装在太阳能电池板的位置，探头输出线连接到太阳能电池特性测试仪的"光强输入"接口上，测试仪设置为"光强测量"状态。由近及远移动滑动支架，测量距光源一定距离的光强 I 并记录。

将光强探头换成单晶硅太阳能电池，测试仪设置为"电压表"状态。按图 6.21(a)接线，按测量光强时的距离值(光强已知)记录开路电压值。

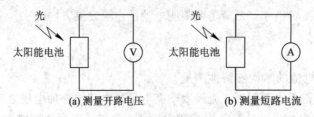

(a) 测量开路电压　　　　　　　　(b) 测量短路电流

图 6.21　开路电压、短路电流与光强关系测量示意图

按图 6.21(b)接线，记录短路电流值。

将单晶硅薄膜太阳能电池更换为多晶硅薄膜太阳能电池，重复测量步骤，并记录数据。

将多晶硅薄膜太阳能电池更换为非晶硅薄膜太阳能电池，重复测量步骤，并记录数据。

根据以上测得的数据，画出三种太阳能电池的开路电压随光强变化的关系曲线。

根据以上测得的数据，画出三种太阳能电池的短路电流随光强变化的关系曲线。

（3）太阳能电池输出特性实验。

按图 6.22 接线，以电阻箱作为太阳能电池负载。在一定的光照强度下(将滑动支架固定在导轨上某一个位置)分别将三种太阳能电池板安装到支架上，通过改变电阻箱的电阻值，记录太阳能电池的输出电压 V 和电流 I，并计算输出功率 $P_\circ = V \times I$。

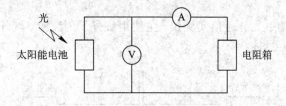

图 6.22　测量太阳能电池输出特性

【注意事项】

（1）在预热光源时，需用遮光罩罩住太阳能电池，以降低太阳能电池的温度，减小实验误差。

（2）光源工作及关闭后的约 1 h 期间，灯罩表面的温度都很高，请不要触摸。

（3）可变负载只适用于本实验，否则可能烧坏可变负载。

（4）220 V 电源需可靠接地。

 思考与分析

随着技术的进步与产业规模的扩大，太阳能电池的成本在逐步降低，而资源枯竭与环境保护导致传统电源成本上升。太阳能电池在价格上已可以与传统电源竞争，加之国家产业政策的扶持，太阳能应用具有光明的前景。

6.6　红外物理特性及应用实验

波长范围在 0.75～1000 μm 的电磁波称为红外波，对红外频谱的研究历来是基础研究的重要组成部分。对原子与分子的红外光谱研究，可帮助我们洞察它们的电子、振动、旋转的能级结构，并作为材料分析的重要工具。对红外材料的性质，如吸收、发射、反射率、折射率、电光系数等参数的研究，可为它们在各个领域的应用研究奠定基础。

【实验目的】

(1) 了解红外通信的原理及基本特性。

(2) 了解部分材料的红外特性。

(3) 了解红外发射管的伏安特性、电光转换特性。

(4) 了解红外发射管的角度特性。

(5) 了解红外接收管的伏安特性。

【实验仪器】

本实验所用仪器有：红外通信实验仪，主要由红外发射装置、红外接收装置、测试平台（轨道）等组成（见图 6.23）。

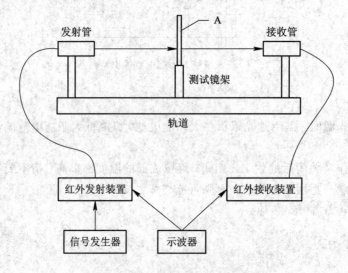

图 6.23 实验系统组成框图

图 6.23 中，红外发射装置产生的各种信号通过发射管发射出去，发出的信号通过空气传输或者经过测试镜片后，由接收管将信号传送到红外接收装置。红外接收装置将信号进行处理后，通过仪器面板显示，并可通过示波器观察传输后的各种信号。

测试镜架的 A 处可以安装不同的材料，以研究这些材料的红外传输特性。

信号发生器可以根据实验需要提供各种信号，示波器用于观测各种信号波形经红外传输后是否失真等特性。

红外发生装置、红外接收装置和轨道三者要保证接地良好。

【实验原理】

1. 红外通信

在现代通信技术中，为了避免信号互相干扰，提高通信质量与通信容量，通常用信号对载波进行调制，用载波传输信号，在接收端再将需要的信号解调还原出来。不管用什么方式调制，调制后的载波要占用一定的频带宽度，如音频信号要占用几千赫兹的带宽，模拟电视信号要占用 8 MHz 的带宽。载波的频率间隔若小于信号带宽，则不同信号间会互相干扰。能够用作无线电通信的频率资源非常有限，国际国内都对通信频率进行了统一规划和管理，仍难以满足日益增长的信息需求。通信容量与所用载波频率成正比，与波长成反比，目前微波波长能做到厘米量级，但在开发应用毫米波和亚毫米波时遇到了困难。红外波长比微波波长短得多，用红外波作载波，其潜在的通信容量是微波通信无法比拟的，红外通信就是用红外波作载波的通信方式。

红外传输的介质可以是光纤或空间，本实验采用空间传输。

2. 红外材料

光在光学介质中传播时，材料的吸收、散射会使光波在传播过程中逐渐衰减，对于确定的介质，光的衰减 dI 与材料的衰减系数 α、光强 I、传播距离 dx 成正比，则

$$dI = -\alpha I dx \tag{6.6.1}$$

对上式积分，可得

$$I = I_0 e^{-\alpha L} \tag{6.6.2}$$

式中：L 为材料的厚度。

材料的衰减系数是由材料本身的结构及性质决定的，不同的波长衰减系数不同。普通的光学材料由于在红外波段衰减较大，通常并不适用于红外波段。常用的红外光学材料包括：石英晶体及石英玻璃，半导体材料及它们的化合物，如锗、硅、金刚石、氮化硅、碳化硅、砷化镓、磷化镓、氟化物晶体、氧化物陶瓷，以及一些硫化物玻璃、锗硫系玻璃等。

光波在不同折射率的介质表面会反射，入射角为零或入射角很小时的反射率为

$$R = \left(\frac{n_1 - n_2}{n_1 + n_2}\right)^2 \tag{6.6.3}$$

由式(6.6.3)可见，反射率取决于界面两边材料的折射率。色散使材料在不同波长下的折射率不同。折射率与衰减系数是表征材料光学特性最基本的参数。由于材料通常有两个界面，测量到的反射与透射光强是在两个界面间反射的多个光束的叠加效果，如图 6.24 所示。

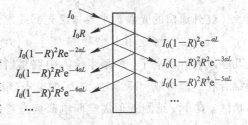

图 6.24　光在两个界面间的多次反射

反射光强与入射光强之比为

$$\frac{I_R}{I_0}=R\left[1+(1-R)^2 e^{-2aL}(1+R^2 e^{-2aL}+R^4 e^{-4aL}+\cdots)\right]$$

$$=R\left[1+\frac{(1-R)^2 e^{-2aL}}{1-R^2 e^{-2aL}}\right]$$

(6.6.4)

透射光强与入射光强之比为

$$\frac{I_T}{I_0}=(1-R)^2 e^{-aL}(1+R^2 e^{-2aL}+R^4 e^{-4aL}+\cdots)=\frac{(1-R)^2 e^{-aL}}{1-R^2 e^{-2aL}}$$

(6.6.5)

原则上，测量出 I_0、I_R、I_T，联立式(6.6.4)、式(6.6.5)，可求出 R 与 α。下面讨论两种特殊情况下的 R 与 α。

对于衰减可忽略不计的红外光学材料，$\alpha=0$，$e^{-aL}=1$，此时，由式(6.6.4)可解出：

$$R=\frac{I_R/I_0}{2-I_R/I_0}$$

(6.6.6)

对于衰减较大的非红外光学材料，可以认为多次反射的光线经材料衰减后光强度接近 0，对图 6.24 中的反射光线与透射光线都可只取第一项，此时：

$$R=\frac{I_R}{I_0}$$

(6.6.7)

$$\alpha=\frac{1}{L}\ln\frac{I_0(1-R)^2}{I_T}$$

(6.6.8)

由于空气的折射率为 1，求出反射率后，可由式(6.6.3)解出材料的折射率：

$$n=\frac{1+\sqrt{R}}{1-\sqrt{R}}$$

(6.6.9)

很多红外光学材料的折射率较大，在空气与红外材料的界面会发生严重的反射。例如硫化锌的折射率为 2.2，反射率为 14%；锗的折射率为 4，反射率为 36%。为了降低表面反射损失，通常在光学元件表面镀上一层或多层增透膜来提高光学元件的透过率。

3. 发光二极管

红外通信的光源为半导体激光器或发光二极管，本实验采用发光二极管。

发光二极管是由 P 型和 N 型半导体组成的二极管。P 型半导体中有相当数量的空穴，几乎没有自由电子。N 型半导体中有相当数量的自由电子，几乎没空穴。当两种半导体结合在一起形成 PN 结时，N 区的电子(带负电)向 P 区扩散，P 区的空穴(带正电)向 N 区扩散，在 PN 结附近形成空间电荷区与势垒电场。势垒电场会使载流子向扩散的反方向做漂移运动，最终扩散与漂移达到平衡，使流过 PN 结的净电流为零。在空间电荷区内，P 区的空穴被来自 N 区的电子复合，N 区的电子被来自 P 区的空穴复合，该区内几乎没有能导电的载流子，因此又称为结区或耗尽区。半导体 PN 结如图 6.25 所示。

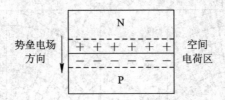

图 6.25　半导体 PN 结示意图

当加上与势垒电场方向相反的正向偏压时，结区变窄，在外电场作用下，P 区的空穴和 N 区的电子就向对方扩散，从而在 PN 结附近产生电子与空穴的复合，并以热能或光能的形式释放能量。采用适当的材料，使复合能量以发射光子的形式释放，就构成了发光二极管。采用不同的材料及材料组分，可以控制发光二极管发射光谱的中心波长。

图 6.26 和图 6.27 所示分别为发光二极管的伏安特性与输出特性。由图 6.26 可见，发光二极管的伏安特性与一般的二极管类似。由图 6.27 可见，发光二极管输出的光功率与驱动电流近似呈线性关系。这是因为：驱动电流与注入 PN 结的电荷成正比，在复合发光的量子效率一定的情况下，输出光功率与注入电荷成正比。

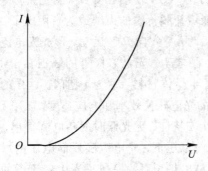

图 6.26　发光二极管的伏安特性

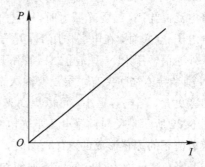

图 6.27　发光二极管的输出特性

发光二极管的发射强度随发射方向而异。方向角度特性曲线如图 6.28 所示，图 6.28 所示的发射强度是以最大值为基准的，当方向角度为零度时，其发射强度定义为 100%。当方向角度增大时，其发射强度相对减弱，发射强度若由光轴取其方向角度的一半时，则其值即为峰值的一半，此角度称为方向半值角，此角度越小即代表元件的指向性越灵敏。

一般使用的红外发光二极管均附有透镜，使其指向性更灵敏，而图 6.28(a) 所示的曲线就是附有透镜的情况，方向半值角大约为 ± 7°。另外，每一种型号的红外发光二极管的辐射角度亦有所不同，图 6.28(b) 所示的曲线为另一种型号的元件，方向半值角大约为 ± 50°。

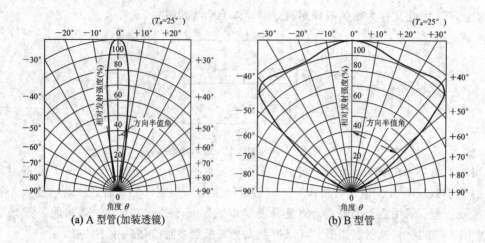

(a) A 型管(加装透镜)　　　　　(b) B 型管

图 6.28　两种红外发光二极管的方向角度特性曲线

4. 光电二极管

红外通信接收端由光电二极管完成光电转换。光电二极管是工作在无偏压或反向偏置状态下的 PN 结，反向偏压的电场方向与势垒电场方向一致，使结区变宽，无光照时只有很小的暗电流。当 PN 结受光照射时，价电子吸收光能后挣脱价键的束缚成为自由电子，在结区产生电子-空穴对，在电场作用下，电子向 N 区运动，空穴向 P 区运动，形成光电流。

红外通信常用 PIN 型光电二极管作光电转换。它与普通光电二极管的区别在于：在 P 型和 N 型半导体之间夹有一层没有渗入杂质的本征半导体材料，称为 I 型区。这样的结构使得结区更宽，结电容更小，可以提高光电二极管的光电转换效率和响应速度。

图 6.29 所示是反向偏置电压下光电二极管的伏安特性。无光照时的暗电流很小，它是由少数载流子的漂移形成的。有光照时，在较低反向电压下，光电流随反向电压的增大有一定的升高，这是因为反向偏压增加使结区变宽，结电场增强，提高了光生载流子的收集效率。当反向偏压进一步增大时，光生载流子的收集接近极限，光电流趋于饱和，此时，光

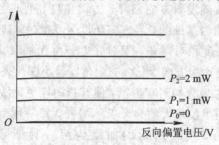

图 6.29　反向偏置电压下光电二极管的伏安特性

电流仅取决于入射光功率。在适当的反向偏置电压下，入射光功率与饱和光电流之间呈较好的线性关系。

图 6.30 所示是光电转换电路，光电二极管接在晶体管基极，集电极电流与基极电流之间有固定的放大关系，基极电流与入射光功率成正比，则流过 R 的电流与 R 两端的电压也与入射光功率成正比。

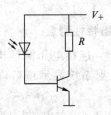

图 6.30　简单的光电转换电路

【实验内容】

1. 部分材料的红外特性测量

将红外发射器连接到发射装置的"发射管"接口，接收器连接到接收装置的"接收管"接口（在所有的实验进行中，都不取下发射管和接收管），二者相对放置，然后通电。

连接电压源输出到发射模块信号输入端 2，向发射管输入直流信号。将发射系统显示窗口设置为"电压源"，接收系统显示窗口设置为"光功率计"。

在电压源输出为 0 时，若光功率计显示不为 0，则为背景光干扰或 0 点误差，记下此时显示的背景值，以后的光强测量数据应是显示值减去该背景值。

调节电压源，使初始光强 $I_0 > 4 \text{ mW}$；微调接收器受光方向，使显示值最大。

按照样品编号安装样品（样品测试镜厚度都为 2 mm），测量透射光强 I_T。

将接收端红外接收器取下，移到紧靠发光二极管处安装好，微调样品入射角与接收器方位，使接收到的反射光最强，测量反射光强 I_R，将测量数据记入表 6.1 中。

表 6.1　部分材料的红外特性测量　　　初始光强 $I_0 =$ _____ (mW)

材料	样品厚度 /mm	透射光强 I_T /mW	反射光强 I_R /mW	反射率 R	折射率 n	衰减系数 α /mm
测试镜片 1#						
测试镜片 2#						
测试镜片 3#						

说明：1#镜片可见光与红外光都透，衰减可忽略不计（$\alpha = 0$）；2#镜片不透可见光，透红外光，对红外光的衰减可忽略不计；3#镜片对可见光有部分透过率，对红外光衰减严重。

对衰减可忽略不计的红外光学材料，用式(6.6.6)计算反射率，式(6.6.9)计算折射率。

对衰减严重的材料，用式(6.6.7)计算反射率，式(6.6.8)计算衰减系数，式(6.6.9)计算折射率。

2. 发光二极管的伏安特性与输出特性测量

将红外发射器与接收器相对放置，连接电压源输出到发射模块信号输入端2，微调接收端受光方向，使显示值最大。将发射系统显示窗口设置为"发射电流"，接收系统显示窗口设置为"光功率计"。

调节电压源，改变发射管电流，记录发射电流与接收器接收到的光功率（与发射光功率成正比）。将发射系统显示窗口切换到"正向偏压"，记录与发射电流对应的发射管两端电压。

改变发射电流，将数据记录于表6.2中。（注：仪器实际显示值可能无法精确地调节到表6.2中的设定值，应按实际调节的发射电流数值为准）

表6.2　发光二极管伏安特性与输出特性测量

正向偏压/V									
发射管电流/mA	0	5	10	15	20	25	30	35	40	45
光功率/mW									

以表6.2中的数据作所测发光二极管的伏安特性曲线和输出特性曲线。

3. 发光管的角度特性测量

将红外发射器与接收器相对放置，固定接收器。将发射系统显示窗口设置为"电压源"，将接收系统显示窗口设置为"光功率计"。连接电压源输出到发射模块信号输入端2，微调接收端受光方向，使显示值最大。增大电压源输出，使接收的光功率大于4 mW。

然后以接收最大光功率位置作为0°位置，记录此时的光功率，以顺时针方向（作为正角度方向）每隔5°（也可以根据需要调整角度间隔）记录一次光功率，填入表6.3中。再以逆时针方向（作为负角度方向）每隔5°记录一次光功率，填入表6.3中。

表6.3　红外发光二极管角度特性的测量

转动角度	−30°	−25°	−20°	−15°	−10°	−5°	0°	5°	10°	15°	20°	25°	30°
光功率/mW													

根据表 6.3 中的数据,以角度为横坐标,光强为纵坐标,作红外发光二极管发射光强和角度之间的关系曲线,并得出方向半值角(光强超过最大光强 60% 以上的角度)。

4. 光电二极管伏安特性的测量

调节发射装置的电压源,使光电二极管接收到的光功率如表 6.4 所示。

调节接收装置的反向电压,在不同的输入光功率时,切换显示状态,分别测量光电二极管反向偏置电压与光电流,记录于表 6.4 中。

表 6.4　光电二极管伏安特性的测量

反向偏置电压/V		0	0.5	1	2	3	4	5
$P=0$ mW	光电流/μA							
$P=1$ mW								
$P=2$ mW								
$P=3$ mW								

根据表 6.4 所示数据,作光电二极管的伏安特性曲线。

5. 音频信号传输实验

将发射装置"音频信号输出"端接入发射模块信号输入端;将接收装置"接收信号输出"端接入音频模块音频信号输入端。倾听音频模块播放出来的音乐。定性观察位置是否对正,以及衰减、遮挡等外界因素对传输的影响。

6. 数字信号传输实验

传输的信号本身是数字形式,或将模拟信号数字化(模/数转换)后进行传输,则称为数字信号传输。数字信号传输抗干扰能力强,传输质量高,易于加密和解密,保密性强。

本实验用编码器发送二进制数字信号(地址和数据),并使用数码管显示地址一致时所发送的数据。将发射装置数字信号输出端接入发射模块信号输入端,接收装置接收信号输出端接入数字信号解调模块数字信号输入端。

设置发射地址和接收地址,设置发射装置的数字显示。可以观测到,地址一致、信号正常传输时,接收数字随发射数字而改变。地址不一致或光信号不能正常传输时,数字信号不能正常接收。

在改变地址位和数字位时,也可以用示波器观察改变时的传输波形,这样可以加深对二进制数字信号传输的理解。

思考与分析

复色光经过色散系统(如棱镜、光栅)分光后,按波长(或频率)的大小依次排列图案。例如,太阳光经过三棱镜后形成按红、橙、黄、绿、蓝、靛、紫次序连续分布的彩色光谱。按波长区域不同,光谱可分为红外光谱、可见光谱和紫外光谱。

红外光谱对样品的适用性相当广泛,固态、液态或气态样品都能应用,无机、有机、高分子化合物都可检测。此外,红外光谱还具有测试迅速、操作方便、重复性好、灵敏度高、试样用量少、仪器结构简单等特点,因此,它已成为现代结构化学和分析化学最常用和不可缺少的工具。红外光谱在高聚物的构型构象、力学性质的研究以及物理、天文、气象、遥感、生物、医学等领域也有广泛的应用。

目前学科交叉现象普遍存在,尤其是材料、化学及物理学科的交叉更为普遍,而利用物理特性分析材料的方法越来越多,也被人们广泛应用。例如,本实验提到的红外特性,材料分析的重要方法之一就是红外分析,利用红外吸收或反射光谱分析材料特性的应用越来越广泛,所以本实验的学习有利于相关学科学生对红外光谱的相关应用有一些深入了解,帮助学生了解所用检测方法的原理。

6.7 核磁共振实验

核磁共振现象是一种利用原子核在磁场中的能量变化来获得关于核信息的技术,由美国科学家柏塞尔(E. M. Purcell)和瑞士科学家布洛赫(E. Bloch)于 1945 年 12 月和 1946 年 1 月分别独立发现,他们共享了 1952 年诺贝尔物理学奖。

自然界约有 270 种稳定的同位素,其中有 105 种核具有磁性,可以观察其核磁共振。研究得比较深入的有 ^1H、^{19}F、^{13}C、^{11}B 等核。几十年来,由核磁共振转化为探索物质微观结构和性质的高新技术已取得了惊人的进展。现今,核磁共振已成为化学、物理、生物、医药等研究领域中必不可少的实验工具,是研究分子结构、构型构象、分子动态等的重要方法。

【实验目的】

(1) 学习核磁共振的基本原理,观测 $CuSO_4$、HF、$FeCl_3$ 等水溶液的 ^1H 和 ^{19}F 核磁共振信号。

(2) 测量这些溶液中 ^1H 和 ^{19}F 的 g 因子及旋磁比、共振线宽和弛豫时间。

(3) 学习用核磁共振方法测量磁场不均匀性的方法。

(4) 熟练掌握双踪示波器的操作,提高对实验中多种影响因素进行综合分析的能力。

【实验仪器】

本实验所用仪器有:由永磁铁、边限振荡器和探头、50 Hz 交流扫场、移相器及稳压电源组成，并配有 100 MHz 频率计、20 Mb/s 带宽的双踪示波器。扫场 0～5 V/AC 连续可调，输出到永磁铁，移相器调节(X 轴振幅调节、X 轴移相调节)可观测蝶形共振信号的相对位置；调节边限振荡器的射频幅度可改变其电流。

样品若干，如 $CuSO_4$ 水溶液、$FeCl_3$ 水溶液、HF 溶液和甘油等。

【实验原理】

1. 核磁矩的一些基本概念

核磁共振(nuclear magnetic resonance，NMR)的研究对象是具有磁矩的原子核，即存在自旋运动的原子核。

在量子力学中，原子核的自旋角动量为

$$|\boldsymbol{P}| = \hbar \sqrt{I(I+1)} \tag{6.7.1}$$

其中，I 为自旋量子数(对于质子 $I=1/2$)、$\hbar = \dfrac{h}{2\pi}$，h 为普朗克常数。相应的核磁矩大小为

$$\mu = \gamma |\boldsymbol{P}| = g\frac{e}{2M}P = g\frac{e\hbar}{2M}\sqrt{I(I+1)} = g\mu_N \sqrt{I(I+1)} \tag{6.7.2}$$

式中：g 为朗德因子；$\mu_N = \dfrac{e\hbar}{2M} = 5.050\,787 \times 10^{-27}$ J/T，称为核磁子；e 为质子的电量；M 为质子的质量；γ 为旋磁比，对于确定的核是一常数。不同的核 g 值也不同，需要由实验测得，如质子的 $g_p = 5.5851$，中子的 $g_n = -3.82$。

核磁共振原理如图 6.31 所示，当一个磁矩为 $\boldsymbol{\mu}$ 的孤立原子核处于恒定的外磁场 $\boldsymbol{B}_0$ 中时，若磁矩 $\boldsymbol{\mu}$ 和外磁场 $\boldsymbol{B}_0$ 之间的夹角为 θ，则它受到的磁场的作用力矩 $\boldsymbol{\tau}$ 为

$$\boldsymbol{\tau} = \boldsymbol{\mu} \times \boldsymbol{B}_0 \tag{6.7.3}$$

此力矩引起角动量的变化为

$$\boldsymbol{\tau} = \frac{\mathrm{d}\boldsymbol{P}}{\mathrm{d}t}$$

所以

$$\boldsymbol{\mu} = \gamma \boldsymbol{P}$$

有

$$\frac{\mathrm{d}\boldsymbol{\mu}}{\mathrm{d}t} = \boldsymbol{\mu} \times \gamma \boldsymbol{B}_0 \tag{6.7.4}$$

根据上式，可以解出磁矩的三个分量随时间变化的关系为

$$\begin{cases} \mu_x = \mu_1 \cos(\omega_0 t + \phi) \\ \mu_y = -\mu_1 \sin(\omega_0 t + \phi) \\ \mu_z = 常数 \end{cases} \tag{6.7.5}$$

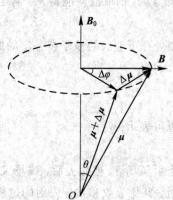

图 6.31　核磁共振原理图

式中：μ_1 为磁矩 $\boldsymbol{\mu}$ 在 $x-y$ 平面上的投影，ϕ 为初相位。由 μ_x、μ_y 随时间变化的关系可知，$\boldsymbol{\mu}$ 在 $x-y$ 平面上的投影 μ_1 做圆周运动。

当 $\gamma > 0$ 时，$\omega_0 > 0$，我们称之为左旋，即以左手的拇指沿着磁场 $\boldsymbol{B}_0$ 的方向，四指所指为圆周运动方向；当 $\gamma < 0$ 时，$\omega_0 < 0$，我们称之为右旋。

磁矩在 z 轴上的投影为一常数，表明这种运动不改变磁矩 $\boldsymbol{\mu}$ 在磁场中的能量。磁矩的这种运动称为 Larmor 进动。进动的角频率 ω_0 可用矢量表示为

$$\boldsymbol{\omega}_0 = -\gamma \boldsymbol{B}_0 \tag{6.7.6}$$

或

$$\omega_0 = \gamma B_0$$

2. 磁矩 $\boldsymbol{\mu}$ 与外磁场 $\boldsymbol{B}_0$ 的相互作用与共振原理

磁矩 $\boldsymbol{\mu}$ 处于外磁场 $\boldsymbol{B}_0$ 中（设磁场方向为 z 轴方向），此时具有能量 E：

$$E = -\boldsymbol{\mu} \cdot \boldsymbol{B}_0 = -\mu_z B_0 = -m\gamma\hbar B_0 \tag{6.7.7}$$

式中：m 为磁量子数，是自旋量子数 I 在外磁场 $\boldsymbol{B}_0$ 方向上的分量，它的取值等于 I，$I-1$，$I-2$，$\cdots$，$-I+1$，$-I$，共有 $(2I+1)$ 个数值。对于自旋 $I = \frac{1}{2}$ 的核，$m = \pm\frac{1}{2}$。能级间的跃迁选择定则为 $\Delta m = \pm 1$，故两能级之间的差值为

$$\Delta E = \gamma\hbar B_0 \tag{6.7.8}$$

磁矩可能出现的运动状态及其对应的能级跃迁如图 6.32 所示。

若再在垂直于 B_0 的方向加一个频率为 ν_0 的射频场，ν_0 的取值使能量 $h\nu_0$ 满足：

$$h\nu_0 = \Delta E = \gamma\hbar B_0$$

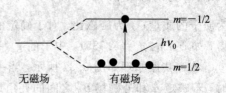

图 6.32　能级和跃迁

则处在下能级的核子有一定的概率吸收这部分能量并跃迁到上能级，这便是共振吸收，或表示为

$$\nu_0 = \frac{\gamma}{2\pi} B_0 \tag{6.7.9}$$

也可表示为

$$h\nu_0 = g\mu_N B_0 \tag{6.7.10}$$

当射频场 $h\nu_0$ 被撤去后，磁场又把这部分能量 ΔE 以辐射的形式释放出来，这就是共振发射。共振吸收和共振发射的过程称为核磁共振。

3. 磁化的弛豫

介质中大量质子磁矩在外磁场作用下达到平衡；若受到扰动会失去平衡，但可以自动恢复平衡。恢复平衡可以通过两个不同的步骤来实现：第一步，通过质子与质子之间的作

用先达到平衡，这种恢复平衡所需要的时间称为自旋-自旋弛豫时间 T_2；第二步是整个质子磁矩与周围环境作用而恢复平衡，这种恢复平衡所需的时间称为自旋-晶格弛豫时间 T_1。不管弛豫时间是 T_1 还是 T_2，它们都与物质的结构、物质内部的相互作用有关。物质的结构和相互作用变化，必将引起弛豫时间的变化，得到的核磁共振信号的强弱也就随之变化了。例如，人们发现水中的氢和脂肪及其他大分子中氢的弛豫时间相差很大。由于不同组织所含水的分量不同，因此通过测量弛豫时间就能把它们区分开来。

只有存在自旋运动的原子核才具有磁矩，才能产生核磁共振。原子核的自旋运动与自旋量子数 I 相关，$I=1/2$ 的原子核是电荷在核表面均匀分布的旋转球体，如 $_1^1\text{H}$、$_6^{13}\text{C}$、$_7^{15}\text{N}$、$_9^{19}\text{F}$、$_{15}^{31}\text{P}$ 等，它们的核磁共振谱线较窄，最适宜于核磁共振检测，是 NMR 的主要研究对象。

4. 实现核磁共振的方法

1）调磁场法

调磁场核磁共振如图 6.33 所示，使用固定频率的电磁波照射，调节样品所受的外磁场变化，它由永磁铁、扫描线圈、射频振荡器和探测器四部分组成，其中扫描线圈用于使外磁场 B_0 作微小振荡，从而使我们能在示波器上看到尖锐的共振峰，射频振荡器用于产生固定频率的电磁辐射，通常频率 $\nu=6\times10^7\ \text{Hz}$。

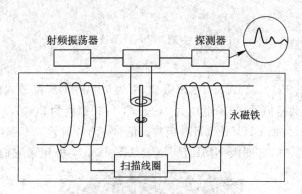

图 6.33　调磁场核磁共振示意图

2）调频法

调频法保持磁场 B_0 不变，调节入射电磁波的频率。如图 6.34 所示，样品（如水）装在小瓶中并置于磁体两极之间，瓶外绕以线圈，由射频振荡器向它输入射频电流，向样品发射同频率的电磁波，同时调节射频频率使其大致与外磁场 B_0 对应的共振频率相等，当电磁波频率正好等于共振频率时，射频振荡器的输出就出现一个吸收峰（可以从示波器上看出），同时由频率计数器读出此共振频率。

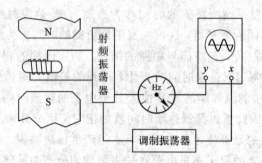

图 6.34 调频核磁共振示意图

本实验采用调频法实现核磁共振。

【实验内容】

（1）在磁极中磁场分布较均匀的区域选择前、中、后各相差 1 cm 处的三个地方，用高斯计测出磁场强度，并选择磁场较大的点作为样品放置点（$B \approx 0.50 \sim 0.55$ T）。

（2）用测量得到的磁场 B_0 和标准旋磁比估算出共振频率 ν_0：

$$\nu_0 = \left(\frac{\gamma}{2\pi}\right)_H B_0$$

其中：

$$\left(\frac{\gamma}{2\pi}\right)_H = 42.576\ 37\ \text{MHz/T}$$

为质子的旋磁比。

（3）分别将 HF、$FeCl_3$ 及 $CuSO_4$ 水溶液（浓度为 1‰ mol）样品放入磁极中间部位。

定性观察 [1]H 的共振信号（扫场电压为 1～2 V，射频幅度为 20 μA）。

① 内扫描法：示波器 CH2（或 CH1）接共振信号，调节射频频率和示波器扫描频率，在示波器上调出清楚的三峰等间隔 NMR 信号（参见图 6.35），并记录它们的共振频率 ν_0。

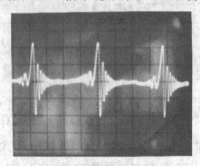

图 6.35 $CuSO_4$ 水溶液样品 ^{1}H 的三峰等间隔 NMR 信号

② 李萨如移相法：示波器 CH2 接共振信号，CH1 接 50 Hz 交流扫场信号，示波器的"时间挡位"调至 X-Y 挡，"电源"选 CH2，示波器上出现李萨如图形，移相器 X 轴振幅和 X 轴移相，出现如图 6.36 所示的蝶形共振信号。

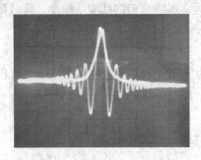

图 6.36　移相法：蝶形共振信号

寻找最佳的扫场电压和射频电流（内扫描或移相法）。

调节扫场电压，使 NMR 幅度最大、尾波多、上下对称。

(4) 对 $CuSO_4$ 水溶液样品，列表记录射频电流和 NMR 信号幅度的关系（注意：射频电流改变，频率也一定发生变化，要做相应的调节），找到 NMR 幅度最大的射频电流。

保持最佳的扫场电压和射频电流不变，测量 $CuSO_4$ 水溶液样品 NMR 的 g 因子、旋磁比 γ、横向弛豫时间 T_2（式(6.7.11)）、共振线宽 ΔH（式(6.7.12)）：

$$T_2 = \frac{2}{(\omega_1 - \omega_2)\omega_{扫} \cdot \Delta t} = \frac{1}{2\pi^2 \cdot (f_1 - f_2) \cdot f_{扫} \cdot \Delta t} \tag{6.7.11}$$

$$\Delta H = H_{AC} \cdot \omega_{扫} \cdot \Delta t = \frac{2\pi(f_1 - f_2)}{\gamma} \cdot \Delta t \, (2\pi f_{扫}) \tag{6.7.12}$$

共振频率测量可采用内扫描法和移相法中的任何一种：内扫描法，即细调射频频率，记录三峰等间隔共振信号时的共振频率 f_1 和二峰合一刚消失瞬间的频率 f_2，重复 6 次以上；移相法，即细调射频频率，使蝶形共振信号在李萨如图形的正中心，此时的频率记录为 f_1，二峰一起移动到李萨如图形的边缘刚消失时的频率记为 f_2，重复测量 6 次。

Δt 的测量：Δt 为二峰合一在李萨如图形中心时二峰半宽平均值，当满刻度为 10 格时，时间为 10 ms（请同学们思考为什么？）。

估算磁场的不均匀性：移动探头在测量磁极中的位置（前、中、后移动 1 cm，对应的磁场强度设为 B_1、B_0、B_2），用三峰等间隔法测量磁场不同测量点的共振频率 f_1、f_0、f_2，估算 ΔB 磁场不均匀性，观测磁场不均匀对共振线宽和弛豫时间的影响。

$$\Delta B_1 = \frac{|B_1 - B_0|}{B_0} = \frac{|f_1 - f_0|}{f_0}$$

$$\Delta B_2 = \frac{|B_2 - B_0|}{B_0} = \frac{|f_2 - f_0|}{f_0}$$

$$\Delta B = \frac{|B_1 - B_2|}{B_0} = \frac{|f_1 - f_2|}{f_0}$$

测量 $CuSO_4$ 水溶液浓度和 NMR 信号幅度的关系。

观察 HF 的 ^1H 和 ^{19}F 信号，观察它们的线宽、幅度、前后尾波数量，比较并记录它们的共振频率、幅度（^{19}F 旋磁比 $\gamma = 25.181$）。

数据处理与分析：

计算 $CuSO_4$ 水溶液 ^1H 的 g 因子和旋磁比 γ，并与标准值比较，求百分误差。

已知核磁子标准值：$\mu_N = 5.050\,787 \times 10^{-27}$ J/T。

质子 g 因子标准值：$g_H = 5.5810$。

质子旋磁比标准值：$\gamma_H = 26.752 \times 10^7$ rad/(S·T)。

 思考与分析

核磁共振应用：核磁共振成像（MRI）检查已经成为一种常见的影像检查方式。核磁共振成像作为一种新型的影像检查技术，不会对人体健康有影响，但六类人群不适宜进行核磁共振检查：安装心脏起搏器的人，有或疑有眼球内金属异物的人，通过动脉瘤银夹结扎术的人，体内有金属异物存留或金属假体的人，有生命危险的危重病人、幽闭恐惧症患者等。不能把监护仪器、抢救器材等带进核磁共振检查室。另外，怀孕不到 3 个月的孕妇最好也不要做核磁共振检查。

6.8 应用特色物理实验项目在提升学生创新能力过程中的重要意义

随着知识经济和信息社会的到来，科学技术飞速发展，知识更新周期不断缩短，这一切都对基础教育产生了巨大的影响。现代科学发展的特征，是不同的知识领域之间彼此联系，各学科之间相互渗透，不同的学科利用其他学科的内容、方法和手段。各学科间相互结合常常导致新学科出现，如控制论、仿生学、数学语言学、物理化学、生物物理学等。各学科的相互影响、相互渗透也影响到高校教学过程的组织。

在加强基础理论教学的同时，也应强调实践性课程的教学，做到理论联系实际，培养全面发展的人才。在现代科技冲击的浪潮下，各国高等院校都在朝着综合性、基础化和实践性的方向发展。

现代科技发展对高等教育的实践环节也提出了新的要求。以大学物理实验课程为例，作为一门公共基础课程，大学物理实验的实验内容一直变化较少，实验仪器的更新速度也赶不上现代科技发展速度，针对这些问题，我们从以下几个方面进行课程改革。

首先，我们在实验课程的内容上尝试创新，引入新的实验项目，把与企业技术紧密结合的实验项目引入实验室，让学生在实验的同时了解企业或者行业通用技术，培养学生实践能力的同时让学生对行业有所了解，这样也可以减少企业培养员工的成本和周期，真正培养出高素质的满足社会需求的人才。

其次，传统的实验评价指标不能调动学生设计和创新的思维，所以在实验项目选择中更多地设置设计性、开放性的实验项目。比如利用文中提到的扫描隧道显微镜以及原子力显微镜等先进仪器，让学生接触、了解现代科研和企业使用的仪器设备，虽然采用这些仪器设计个性化实验，每个学生的实验结果可能不一样，但是这样更能发挥学生的主观能动性。把实验结果的评价和实验过程的评价结合起来，更加注重学生的创新过程，实验结果可能不够准确，但学生提出的想法更值得教师去关注。

最后，实验项目中配套的实验仪器需要紧跟科技发展的步伐。例如，传统的物理天平使用方法可以作为非重点内容，实验室中可以购入数字示波器，有资金实力的实验室可以购入扫描隧道显微镜或原子力显微镜，或者通过模拟仿真技术实现扫描隧道显微镜的操作实验，让学生了解和接触先进的显微镜原理及使用方法。

学生创新能力的培养直接关系到国家强盛和民族兴衰，因此需要物理实验教育工作者高度重视。物理实验教学应该更好地发挥其课程优势，致力于培养高素质的创新人才。物理实验教学不光需要教师利用创新智慧来引导学生在探究过程中学会思考、创造，也需要在教育制度上激励学生去创新。培养学生的创新能力是一项系统工程，需要教育工作者在物理实验教育工作过程中不断地总结经验，不断创新。

大部分学校普遍采用的实验课程教学模式是先由老师讲授理论知识和演示实验操作，然后学生动手操作实验。这种传统教学模式已经被验证为传授知识最有效的教学模式。但是这并不是培养学生创新能力的合理方式，教师应在实验教学中对实验教学各大构件包括实验内容、实验过程以及实验方法不断改进，让整个实验教学更能激发学生的创新思维。具有这种能力的教师能够在课堂上提出新颖的问题，这些问题在书本里是没有直接答案的，需要学生能够对已有经验、知识重新思考、加工改造，获得新的知识内容，然后通过实验验证，解决一些新问题。这样的实验教学过程不单单是让学生重复教师的演示过程，而是能让学生感受到创新的无穷魅力，在无形中促进和发展学生的创新能力、创新品格，因而是富于创造性的教学。富于创造性的教学更易于激发学生的积极性，较受学生的欢迎。

本章这几个具有应用特色的物理实验项目都和当下科学研究前沿或者科技发展的重要领域相关。通过对应用特色的物理实验项目的学习和实践，学生可以掌握先进的实验仪器，了解科技前沿，并具有更强的就业竞争力。

参 考 文 献

[1] 仇志余，冯中营. 大学物理实验 [M]. 北京：机械工业出版社，2014.

[2] 张德启，李新乡，陶洪，等. 物理教学论 [M]. 北京：科学出版社，2019.

[3] 黄志高，赖发春，陈水源，等. 近代物理实验 [M]. 北京：科学出版社，2012.

[4] 成正维. 大学物理实验 [M]. 北京：高等教育出版社，2012.

[5] 刘竹琴. 近代物理实验 [M]. 北京：北京理工大学出版社，2014.

[6] 杨述武. 普通物理实验[M]. 5 版. 北京：高等教育出版社，2015.